中国国家地理 博物

百科
小学
第3辑

一起去探险

丛书主编　许秋汉　　本册主编　张辰亮

北京联合出版公司
Beijing United Publishing Co.,Ltd.

目录

1 荒野尽头有秘密

2 大山深处自由行

3 浩瀚海洋多精彩

4 洞穴探险奇遇记

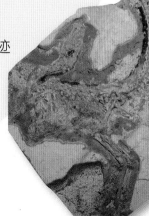

1 荒野尽头有秘密

每个人的内心深处都渴望着去远方探险。想不想见见亚马孙河里可怕的食人鱼？想不想到神秘的雅鲁藏布大峡谷一探究竟？想不想看看新疆荒漠中隐藏着哪些生灵？想不想在美丽的宝岛台湾游山玩水？一起来吧，荒野尽头有无数的秘密等待你去发现！

南美洲亚马孙雨林
生命大合唱

洗衣服的时候被鳄鱼偷窥？站在船头与淡水豚共舞？被猴子扔下来的果子砸晕？或者，一边防止变成食人鱼的食物，一边捕捉食人鱼当晚餐？当世界最大的热带雨林不再只是教科书上的描述，而成为鲜活的事物时，还有多少奇特的经历将会发生？让我们跟着生物学家，走入亚马孙腹地，亲身经历茂密雨林中发生的精彩故事。

追随猴子的旅程

"咚——咚——咚——"

猴子把啃过的果子随手丢下树来，果核落入水中的声音，在静谧的丛林中格外响亮。就在距离生物学家四五米远的树冠上，有只带着幼崽的母猴——距离如此之近，小猴儿调皮的眼神甚至都能看得一清二楚。

"咚——"

一颗果子落到了生物学家们乘坐的独木舟旁边。捞起来看看，那是一种硬硬的红色小果实，比樱桃略大，像是刚刚成熟的榕树的果子。猴子只粗略地啃了两口，便扔下树来，看来食物的确是丰富，它们一点也不以浪费为耻。

这些生物学家中的其中一位专门研究灵长类的行为生态，她的主要研究对象就是这种被称为"金背秃猴"的动物。最近几年，她每年都要深入亚马孙丛林进行为期几个月的野外工作。目前人们对这种猴子的生活习性了解得很少，这位生物学家的任务就是揭开它们的生存及繁殖方式之谜，并监测人类活动和气候变化对它们的影响。

可能是今天的"午餐"已经完毕，猴子们打着响亮的呼哨开始撤离。猴子的叫声、树枝摇动的声音、被惊起的鸟叫声……骚动的猴群让树林变得热闹

起来。活跃的幼猴在树冠之间攀爬跳跃，如履平地，有时闹得过分了，由于没抓牢树枝，险些跌入水中。成年的公猴子比较威严，当它们走到阳光下时，可以看到背上的毛发闪着略带棕红色的金光——"金背秃猴"的名称，由此而来。

直接跟踪、观察并记录猴群的活动，只是生物学家的工作之一，另外一项重要的任务，是对猴群的叫声进行录音。相比于直接观察，录音的工作需要更多的"武装"和策略——每次为了录音而进入森林，除了在小木船上携带必要的电脑、录音设备和防雨设施之外，生物学家还需要带一块大的迷彩布。来到猴群的活动区域附近之后，他们会用迷彩布把小木船从头到尾罩起来，无论人或设备，统统藏在迷彩布下，这时的小船，看起来像一条巨大的林间"怪虫"。

身处河面的小船中，只能看到"飞速逃逸"的猴子的身影

猴子们很聪明，即使做了伪装，它们还是能看出这是人类的船。不过有了迷彩的伪装，它们会更加放松，人类也就能更加接近它们。几年前，生物学家刚开始来这里工作时，猴子们对这条"怪虫"比较害怕，一见到船就跑掉；而在水淹的红树林里，想要驾驶小船追上穿越树冠的猴子，根本是不可能完成的任务。不过，现在这群金背秃猴已经知道生物学家没有敌意，它们甚至敢放心大胆地在这群友好的人类面前睡大觉。

左图：金背秃猴隶属僧面猴科秃猴属，是一种生活在亚马孙流域的灵长类动物，它们的毛色为深棕色，但是背部颜色较浅，接近金黄色

聒噪鹦鹉与温和鳄鱼

上面提到的生物学家观察猴群的地方叫作"雅鸟国家公园"，这里是南美洲最大的热带雨林保护区，而雅鸟河则是亚马孙河的支流之一。这里远离城市，没有电线，没有手机信号，甚至没有公路，有的只是广袤无际的丛林，除了少数居住在雨林中的本地人之外，朝夕生活在这里的就是各式各样的野生动物——它们或友好，或胆怯，或危险，或温和，这片雨林本就是它们的地盘，在它们看来，人类不过是一群外来的闯入者。

尽管亚马孙丛林的生物多样性和野生动物的密度都是世界之最，但这并不意味着随时都能遇到野生动物，尤其是美洲豹、森蚺、箭毒蛙、吸血蝙蝠等著名的亚马孙"杀手"——连很多本地人也根本不曾见过这些传说中

右图：挂在枝头的二趾树懒基本可以算作温和派的野生动物，对于人类而言，几乎不具威胁

金刚鹦鹉是亚马孙最常见的鸟类之一，其中色彩鲜艳的个体，就像停落在枝头的彩虹。虽然金刚鹦鹉看起来很漂亮，但它们的叫声却比较刺耳，尤其当几只鹦鹉在一起"开会"的时候，吵闹声会令人烦躁得难以入睡

的危险动物。比较容易见到的动物大都属于"温和派"，比如倏忽钻入水中的水獭、正在树上寻觅蚁巢的小食蚁兽或者登高望远的树懒。当然，最为常见的动物还是各种鸟类，其中最好看的，要算大名鼎鼎的金刚鹦鹉。

金刚鹦鹉体型很大，从头到尾尖有 1 米多长，颜色有红蓝、蓝黄、黄绿等多种搭配。金刚鹦鹉实行一夫一妻制，总是成双成对地飞行，在雨林中时常能够遇到。它们漂亮的羽毛散发着金属一般的光

泽，难怪有人形容，金刚鹦鹉飞过时像一道彩虹。但这些颜色鲜亮的大鸟，总喜欢边飞边叫，至于叫声，则实在不敢恭维，吵闹、刺耳，如同连续大叫的乌鸦。

亚马孙雨林里唯一容易见到的危险动物，就是鳄鱼。生物学家们说，他们第一次感受到鳄鱼的存在是在水面上，正划着小船的向导忽然停了下来，让船上的人仔细聆听森林深处传来的低沉声音——"吭、吭、空、空……"而后他也压低嗓子，同样发出"吭、吭、空、空"的声音，继而远处传来回应。向导解释说，"空空"声就是鳄鱼拍打水面的声音。

亚马孙雨林最著名的鳄鱼莫过于凯门鳄了，在浮水植物遍布的水面上，鳄鱼露出一双冷酷的眼睛

这里分布的鳄鱼有两种，体型较小的凯门鳄一般长度不超过3米，而较大的美洲鳄可长达5米左右。向导告诉大家，近几年在森林里发生过两起动物杀人的事故，肇事者都是鳄鱼。两次事故都发生在捕鱼时：一次是捕鱼人站在浅水处叉鱼，另一次是有人坐着小船在丛林里钓鱼，他们都是因为鳄鱼突然来袭而丧命的。

不过，当地人对这种危险的爬行动物已经习以为常，并不感觉十分恐惧。有一次生物学家到当地人家里拜访时，偶然发现不远处的水中有两条未成年的小鳄鱼，体长不足 1 米。主人只看了那两条鳄鱼一眼，并不放在心上："不用担心，现在是雨季，大鳄鱼都在丛林深处，小鳄鱼没事儿，它们只在水里逮鱼，不上岸。"

神秘情人：粉色亚河豚

与诸多野生动物的邂逅中，最神奇的要算在密林深处遇到"海豚"——亚马孙雨林最著名的动物之———粉色的亚马孙河豚（简称亚河豚）。有一天生物学家们录音完毕，告别猴群，乘着小船在开阔的河面上行驶时，一条亚河豚出现在距离小船不远的地方。

每间隔几分钟，亚河豚就会靠近水面换气——"噗！"响亮的换气声在林间回荡，每一次浮出水面，船上的人都能清晰地看到它那高耸起来的额头和窄长的嘴。

亚河豚隶属鲸目、亚马孙河豚科，一只成年亚河豚体长可达 2.5 米，是淡水河豚中体型最大的种类。和它的近亲——海豚一样，亚河豚也是依靠回声进行定位的。

向导轻轻敲击船舷，只见一串气泡由远及近来到船边——亚河豚是种好奇心很强的动物，当它听到异响时，便会游过来看个究竟。生物学家们通过幽暗的水面，看到气泡正从他们所乘坐的船下穿过，到不远处，返回，上浮，于是他们得以再一次欣赏亚河豚那被夕阳染成淡金色的身影。

亚河豚个体颜色差异很大，从黯淡的灰色到鲜嫩的粉红色——当然还是粉红色的个体最为迷人。如此奇特的颜色，不要说外来人为之赞叹，就连当地人也会产生无数联想。在当地印第安人的传说中，粉色的亚河豚会变成年轻貌美的男子，上岸来诱惑少女；在巴西，如果未婚的女子生了孩子，人们就会说那孩子是亚河豚的。

遇到一条亚河豚，已经令人无比兴奋，而有幸能够看到一群亚河豚狩猎，则是亚马孙之行最为难忘的经历了。一天，生物学家的小船正行驶在雅乌河一段比较开阔的水面上，水下的异动表明，来了数量庞大

亚河豚可谓亚马孙河中最令人兴奋的野生动物了，柔和的粉色，华丽的光泽，无不令人心潮澎湃

的鱼群。大约八九只亚河豚组成的群体，追逐着鱼群，半是狩猎，半是嬉戏。

亚河豚狩猎时，群体成员间会相互配合，几个成员负责把鱼群赶到一起，让鱼群聚集成很密集的一团，另外几个则冲进鱼群去大吃一顿，然后，吃饱的亚河豚再负责驱赶鱼群，换其他同伴享用"美食"。

在一大群亚河豚中，年轻的亚河豚往往会自由结组，两三只一起行动。不过它们并不是兄弟，亚河豚一胎通常只生一头，因此这样的组合更像是朋友关系。它们形成的小组并不固定，小组间经常交换成员，这样更加有利于整个群体之间的熟悉和配合。亚河豚小组轮番作业时，连浮出水面换气和再度入水的动作也是同步进行，类似于跳水比赛中的双人项目。

大约过了半个小时，"盛宴"结束，一只体型很大的亚河豚浮出水面，接连打出响亮的喷气声，招呼群体成员撤离。于是这个捕鱼小队跟随着头领，逆流而上，一边撤离，一边还不时跃出水面，或者把鱼抛出水来。"它们吃饱了在玩耍呢！"向导说，他还曾经见过两只亚河豚一起嬉耍，一只把鱼抛起来，另一只跃出水面去接。

晚餐：食人鱼！

整个自然保护区里有近百户人家，总人口数百，多是有印第安血统的混血后代。他们沿河而居，交通工具只有船只，邻居之间通常要划一两个小时的船才

能到访。生物学家们在雅乌国家公园考察期间，就借住在向导的家中，除了每天追逐猴群，观察各色野生动物，逐渐了解当地人的雨林生活，也是件饶有趣味的事情。

对于当地人而言，在森林中生活其实非常简单——在河边搭建一个吊脚的木房，在岸边修筑一个小码头，在水面上搭一个平台当作"盥洗台"，然后，住在木房里，饮水从平台上获取，洗澡就在河里，而大部分生活必需品，都能从森林中获得。

每户人家的附近都有一小块田地，种植粮食作物和一些蔬菜，房前屋后有不少天然的果树，也是食物的来源之一，从腰果到可可，种类丰富。至于当地的小孩子抓在手里边走边吃的黑色小果子，竟然出自一种棕榈科植物——在我国南方，似乎没有人把棕榈果实当零食的。

尽管在我国的云南、海南，也有人吃棕榈的果实，但相比亚马孙地区而言，还远远不成气候——亚马孙地区有多种棕榈科植物，它们的果实大都可以食用，而当地人也乐于采摘成熟的果实当作零食

肉食的来源，主要是靠男人们去狩猎。因为只是自己家食用，他们不必捕获很多动物，所以不会对野生动物造成太大的伤害。而这种生存方式，经过多年沿袭，也成为了雨林中生物之间动态平衡的一个环节。

猎物通常是鱼，捕鱼几乎是男人们每天的必做工作。在中国的观赏鱼市场里价格不菲的"地图鱼"，以及存在入侵威胁而被驱逐出中国市场的食人鱼，在这里都是捕捉对象，而且它们的味道相当鲜美。

尽管食人鱼凶猛残暴，但作为食品而言，它们的味道确实相当可口。很多捕鱼为生的当地人，手臂上都有被食人鱼咬伤的痕迹，但真正被食人鱼袭击丧生的事件，其实罕有发生

当地人的手上常有伤痕，其中不少是食人鱼留下的"吻痕"。男人们也会去森林中打猎，他们喜欢的猎物是西貒（野猪的近亲），有时也会捕猎美洲的特产——长鼻子的美洲貘。

除了鳄鱼的威胁，在雨林中生活，需要注意的还有蟒蛇。天黑之后，大多数人都不愿意在森林里行走，因为蟒蛇在黑夜里会袭击人类。实际上，真正令人头疼的动物反而不是大型脊椎动物，而是咬人的虫蚁。在亚马孙雨林里，当地人都在木屋里挂起吊床，主要就是为了防止在睡梦中被爬虫们大肆侵袭。

在亚马孙地区，当地人大都睡在吊床上。一方面有利于通风，另一方面可以防止爬虫袭击。亚马孙的爬虫种类数不胜数，其中不少都会扰人清梦。若直接睡在地面，没准醒来时发现自己已经身在蚂蚁窝里了

亚马孙雨林与亚洲的热带雨林不同，这里的河流四通八达，将陆地割裂成斑块状，因此，亚马孙最便捷的交通工具就是小木船。在错综复杂的树木和水流之间穿行，不但需要良好的驾驶技术，也需要敏锐的方向感

清晨，雅乌河水面静美，朝霞的每一抹色彩、每一道纹路，在水面上的倒影都清晰可见。没有风，远处却传来类似狂风怒吼的声音——这是吼猴的"晨歌"。生物学家的小船停泊在雅乌河畔，等待返回巴西亚马孙州首府马瑙斯的客轮。他们收到的一条新闻说，最近在亚马孙雨林深处又发现了一个从未与外界接触过的部落。亚马孙，到底还藏着多少秘密？

西藏雅鲁藏布大峡谷
遗世独立的秘境

雅鲁藏布江沿着喜马拉雅山脉一路向东，在南迦巴瓦峰脚下突然急促地转了个弯，掉头朝南奔去。流水切割着世界最高的山脉，形成世界最深的壮丽峡谷。这里物种丰富却人迹罕至，是中国乃至全球最神秘的地方之一。怀着对秘境的好奇，一队自然生态摄影师在 2011 年的 5 月，深入雅鲁藏布大峡谷及其周边地区，进行生态调查。

藏东南的"桃花源"

5月是藏东南地区最美的季节。沿着号称"中国景观大道"的318国道,生态摄影师们进入了雅鲁藏布大峡谷地区。一路上,秋冬时的冷清素净已经半点不见,山谷中、林间空地、小溪畔,到处是怒放的鸢尾和报春花,它们组成大片"花坪",与恢复生机的村庄牧场相映成趣。

藏东南地区成片的花海

"云中漫步"

雅鲁藏布大峡谷被云雾笼罩

东西走向的喜马拉雅山脉,犹如一道高不可攀的屏障,而深切山体的雅鲁藏布大峡谷,正是这个屏障上唯一的缺口。温暖湿润的西南季风从印度洋而来,难以翻越高山,便从这个缺口"挤"进去,循着峡谷,将热带景观一直"拽"到北纬29°附近,使雅鲁藏布大峡谷拥有全世界纬度最高的热带景观区。正因如此,大峡谷也被叫作"水汽通道",整个夏季都云雾笼罩。在这里进行考察,就像一场"云中漫步"的探奇。

层次分明的森林

受到暖湿气流的滋润，大峡谷中植被茂密。这里的很多地方，还完好无损地保存着天然的原始森林。在南迦巴瓦峰脚下，森林自然地分出层次，白桦、山杨等阔叶乔木构成树冠，遮蔽阳光。在森林底层，则生长着厚厚的喜阴植物。穿行其中，各种植物让人目不暇接。

右图：树干长"耳朵"

下图：原始森林底层的喜阴植物

蘑菇花园

形似雨伞的大型真菌

"水汽通道"不仅惠及了高等植物，也给真菌创造出一片乐土。大峡谷底部的森林中，蘑菇疯长，顺着树干从下往上，到处都支棱出肥嫩的"耳朵"。而在峡谷西部的巴松错地区，大型真菌种类非常丰富，随处可见林间草地上擎起的"巨伞"。

噩梦蜂巢之旅

在喜马拉雅山脉地区，生活着全世界最大的蜜蜂——黑大蜜蜂。它们的体型有普通蜜蜂的3倍大，在岩壁下筑造的蜂巢直径可达1.5米，就像一座巨大的悬空建筑，堪称奇观。

摄影师们在冬季曾经来雅鲁藏布大峡谷进行过一次考察，当时发现了一处巨大的黑大蜜蜂巢穴。为了拍摄，几个人小心翼翼地试探蜂群的反应，渐渐靠到了很近的地方，又是架机器，又是布置灯光，拍了很长时间，蜜蜂们也毫无动静。于是，当夏天故地重游时，他们就放心大胆地直接爬到蜂巢近处，去看望这些"老朋友"。

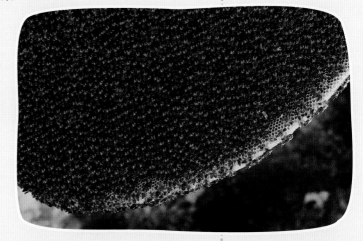

黑大蜜蜂的巢

不料，"老朋友"居然翻脸。才刚架好相机"咔嚓"了几张，突然听到"嗡"的一阵轰鸣，顿时"黑云压顶"，铺天盖地的黑大蜜蜂群直朝摄影师们扑来！所有人抱头狂奔，顾不得相机器材，只顾随手拉扯各种东西裹住头脸，向远处的车子跑去。这时候他们才想到，上次蜂群的活跃性不高，也许只是因为冬季气温低的缘故！

黑大蜜蜂的凶悍程度远超想象，驱赶摄影师离开巢穴后，它们仍然带着一股玩命的劲头，不肯罢休地追出老远。当天参与拍摄的所有人都伤情惨重。有人头上被蜇出了四百多个包，肿得完全看不出面貌。不仅外伤惨不忍睹，黑大蜜蜂的蜇刺还带有很强的蜂毒，大家都出现了呕吐、眩晕等中毒症状，不得不暂时退出峡谷，到镇上的医院去输液治疗。直到好几天后，摄影师才全副武装地回到蜂巢附近，把相机抢救回来。

"蜂蜜向导"

黄腰响蜜䴕

俗话说，"一物降一物"。强悍凶猛的黑大蜜蜂，其实也有无可奈何的对手。在匆忙拍摄中，摄影师们在蜂巢附近发现了一位"客人"：一只全身漆黑、仅在头部和腰部有嫩黄色羽毛的小鸟。这是一种专吃蜂蜜的鸟类——黄腰响蜜䴕，它有个英文名叫"honeyguide"（蜂蜜向导）。顾名思义，跟着它总能找到蜂窝和蜂蜜。此前，全世界仅在喜马拉雅山脉地区发现过这种鸟，并且都是在山脉的南面。因此，当摄影师在山脉北侧的大峡谷地区，看到它出现在黑大蜜蜂的巢穴上灵巧地啄食蜂蜜时，别提有多惊喜了。

高原"绿女神"

沿着大峡谷两侧的山坡向上攀爬，渐渐地，茂密的植被变得稀疏，阔叶林被针叶林取代，再往上，就进入了高寒草甸和流石滩的范围。环境的色彩也随高度递减，由郁郁葱葱的绿色，逐渐变得暗沉。不过，即使在一片荒凉之中，仍有引人注目的存在。

夏季来临时，各种绿绒蒿属植物就开出了艳丽的大花朵，在草甸和流石滩上迎风摇曳，十分显眼。高原上的旅行者绝不会错过它们。绿绒蒿的花朵多为蓝

单叶绿绒蒿

色，花型又与罂粟花颇为相似，所以也被叫作"蓝罂粟"。那些植物爱好者，更是充满崇拜地把它们称为"绿女神"。

5月的这次考察，正赶上绿绒蒿的花期。考察队伍中的几位植物摄影师，都是"绿女神"的忠实粉丝。在他们的镜头中，收录了丰富的绿绒蒿影像："蓝罂

左图：站在峡谷底部向上瞻仰高耸的南迦巴瓦峰

粟"的代表——总状绿绒蒿，颜色由蓝至紫、丰富多变的单叶绿绒蒿，花朵大而美丽的藿香叶绿绒蒿，以及开着淡雅黄花的全缘叶绿绒蒿等。

不过，"高原女神"也并非不食人间烟火。事实上，所谓"一朵鲜花插在牛粪上"，并不是一句打趣的玩笑话。植物开花需要大量的养分，富含肥力的动物排泄物，更有利于植物的茁壮成长。有一次，两位摄影师就哭笑不得地在营地边缘的"公厕"旁，发现了一株开得娇艳异常的绿绒蒿！

右图：藏柏

藿香叶绿绒蒿

奇幻世界

行走在大峡谷中，有时真会觉得自己来到了另一个奇幻的星球。挂着"大口袋"的西藏杓兰，长着"象鼻"的象南星，张着"魔爪"的藏柏，简直不需刻意寻找就会直接跳到眼前。昆虫也不甘寂寞：滇藏珠天蚕打开有着巨大"眼睛"的翅膀，皮竹节虫玩起生动的拟态，宽盾蝽张扬着斑斓的色彩。

西藏杓兰

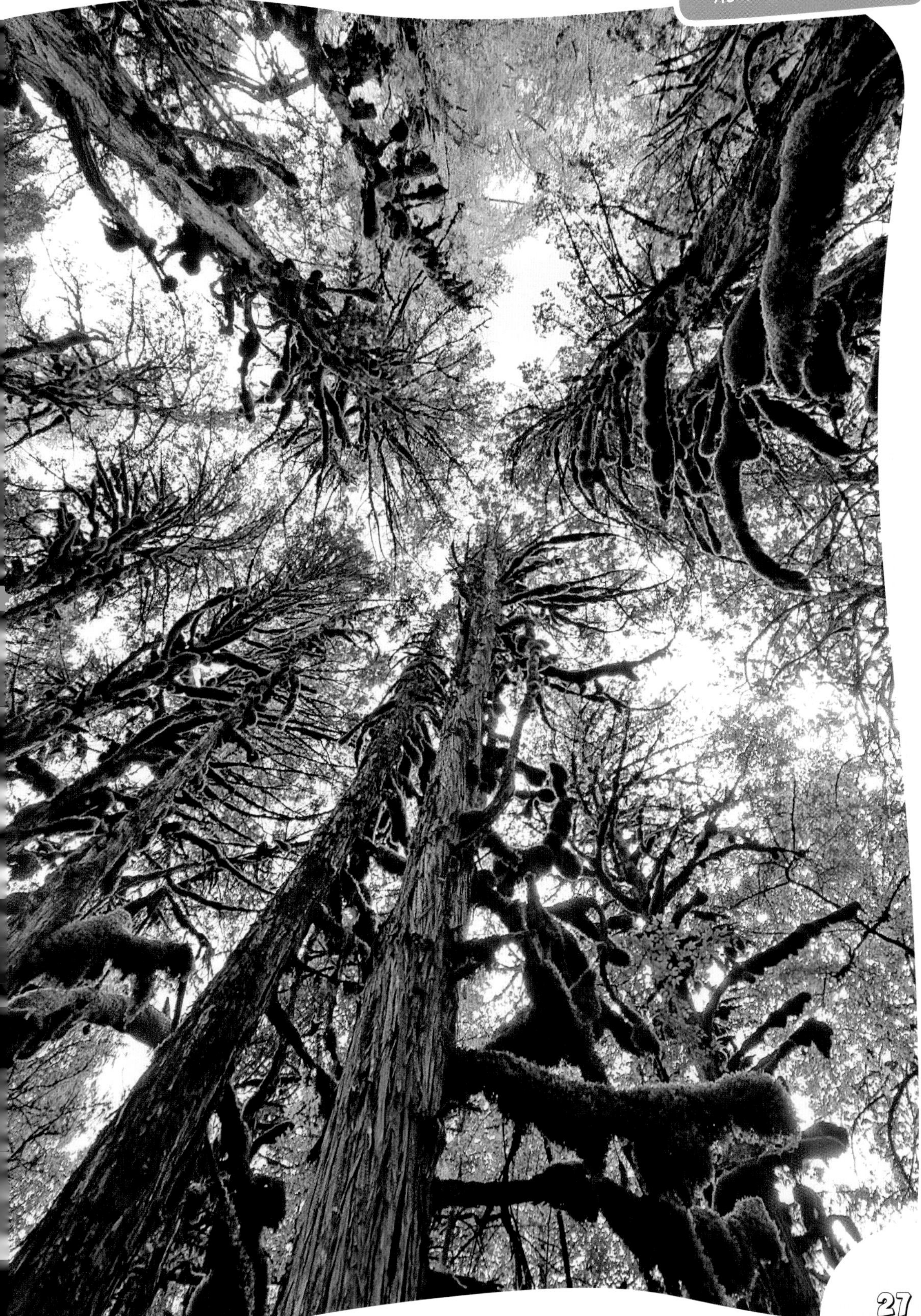

"大高个"和"小矮子"

在空旷的高海拔山坡上,有些植物的造型显得尤为独特鲜明。蓼科的塔黄就是一种颇为奇特的高山植物。它们生长在海拔4000米左右的林缘、草甸和流石滩上,矗立的身形非常醒目,简直是鹤立鸡群,高度能达到1~2米。从长着塔黄的草甸上走过,就像在一座"塔林"里穿行似的。塔黄长得有点像拉长的卷心菜,那些巨大的苞叶里面,隐藏着细碎的花序和娇嫩的小花。进入秋季,苞叶还会变成红色。

塔黄

另一些植物,"摆"出来的姿势跟塔黄完全相反。比起"仰望天空",它们更愿意"拥抱大地"。中国西南部是世界杜鹃花属植物分布的中心区,大峡谷地区的杜鹃品种就极其丰富。在一些高海拔流石滩上,可以看到杜鹃花为了适应严酷的高寒环境,宁愿贴着地面低矮地生长。

贴地生长的杜鹃花

遗世独立

在这个奇幻世界里，还生活着一种稀奇的小家伙。"缺翅虫"是一类稀有而原始的昆虫，我国仅有三种：中华缺翅虫、墨脱缺翅虫和海南缺翅虫，前两种都是在西藏地区发现的。在这次考察中，摄影师们很幸运地在一截腐木中，找到了墨脱缺翅虫。这种古老的昆虫，能在大峡谷地区生息繁衍，归根结底，还是因为此地远离人类打扰，环境至今未有大的改变。雅鲁藏布大峡谷——这个遗世独立的秘境，希望它的宁静永远不被破坏。

墨脱缺翅虫

滇藏珠天蚕

新疆荒野
换种方式去旅行

去新疆维吾尔自治区旅游，人们一般会吃吃哈密瓜，逛逛大巴扎，看看歌舞表演。其实，新疆还有另一种玩法。那里的独特物种，值得来一次探索之旅。除了大热的伊犁鼠兔，新疆还有很多有趣的生物鲜为人知。2014 年夏天，一个致力于中国生物野外探索的组织——"自然观察者"，对这里进行了生物考察，把新疆玩出了另一种范儿。

吐鲁番戈壁：越热，耳朵越大

　　"七八月是新疆的旅游旺季啊，你们打算去哪些景点呀？"这是很多人听到"自然观察者"团队计划后的反应。但他们这次可不是普通的"景区游"，而是一次别样的深度游。要知道，新疆有很多独特的物种，和中国东部地区的物种差别很大。夏天去新疆，是因为这时是那里动植物最繁盛的时候。

　　终于到了出发日，队员们收拾行囊，奔赴那片热气腾腾、生机勃勃的大地。队员们的旅程从新疆中部的吐鲁番开始。这里是荒漠中的一片绿洲。印象中，吐鲁番就是一个字：热。《西

新疆火焰山位于吐鲁番盆地北缘，因其由赤红色砂砾岩和泥岩组成，被当地人称为"红山"

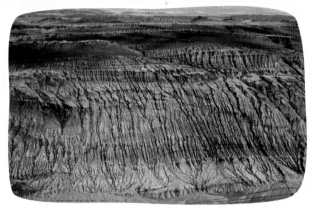

游记》中的火焰山就在这里，中国记录过的最高气温49.6℃也出现在这儿。坐在空调车里，看着外面的骄阳，大伙儿做好了迈入火炉的心理准备。

　　要下车了！咬着牙一开车门，队员们才发现，之前的心理准备完全没用，因为从没感受过这样的热。就连当地人，都会在夏天实行全国最长的午休——4个小时，因为实在热得没法工作。直到天色渐暗，人们才敢出门。

吐鲁番的野生动物也是如此。烈日炙烤时，它们大多躲起来，到了夜晚，才纷纷出来活动。这样的习性让队员们感到十分高兴，因为这样他们可以白天在宾馆休息，等太阳落山，才开始打着手电夜探荒漠。

　　一个"皮卡丘"似的身影一闪而过。难道这是大家神往已久的目标物种？用几个手电筒四处"扫射"，终于找到了，果然是它——长耳跳鼠！我国有11种跳鼠，长耳跳鼠是最奇特的一种，拥有独一无二的巨大耳朵，还有个"猪鼻子"，萌翻了！它完全不怕人类的镜头，自顾自地蹦来蹦去。

长耳跳鼠拥有跳鼠家族罕见的巨大耳朵

　　无独有偶，之后队员们又在白天找到了一只躲在洞里的大耳猬。它的耳朵同样比其他的刺猬大好几倍。这里的动物耳朵这么大，是因为耳朵很薄，又富含血管，血液流到此处能降温，是很好的散热部位。所以炎热地方的恒温动物，耳朵会更大，以便散热；而寒冷地区的恒温动物，耳朵会偏小，避免散失热量。这在生物学上叫"阿伦定律"，吐鲁番是观察这一现象的绝佳之地。

喀纳斯湖畔：野花与绢蝶的秘境

离开吐鲁番，队员们直奔北疆的秘境——喀纳斯。这是处于阿尔泰山深处的一个高山湖泊，气温一下子比吐鲁番低了 20℃，而且水汽充沛，野花遍地，简直是另一个世界。

金黄柴胡不仅有着美丽的花朵，还可以作为一味药材

喀纳斯是风光摄影的圣地，但夏季却不容易"出大片儿"，因为此时满目翠绿，风景不如秋天明艳。但对队员们来说，这却是最美的季节，因为他们关注的微风景——各种野花正在盛开。

野花中，最常见的就数金黄柴胡和翠雀了。金黄柴胡鲜黄夺目，翠雀的蓝紫情调沁人心脾，雾霭之中，就像湖畔的精灵。

花丛间，最灵动的要数阿波罗绢蝶了。绢蝶是一类耐寒的蝴蝶，它们具有"白翼沾红珠"的素雅之美。阿波罗绢蝶是我国二级保护动物，数量稀少。能够见到数十只阿波罗绢蝶同时飞舞的壮观景象，大概只有在喀纳斯这样的地方了。

花丛间飞舞的阿波罗绢蝶

阿勒泰草甸：鸟儿与天象的盛会

之后，队员们来到了喀纳斯东南方的小东沟。这里位于阿勒泰腹地，覆盖着高山草甸和针叶林。夏季，这里是多雨且凉爽的。大家纷纷换上了长焦镜头，因为这里有各色的野鸟值得观赏。

雷鸟是这里的明星。雷鸟在欧洲、北美都很有名，经常成为动物纪录片的主角。雷鸟远看像只肥胖的野鸡，但在望远镜里看，它昂首阔步，眼神凌厉，自有一股睥睨草甸的自信。我国有两种雷鸟——岩雷鸟和柳雷鸟，岩雷鸟只分布在阿勒泰，而柳雷鸟据记载只分布在黑龙江，但这两年有人在阿勒泰也看到了它。队员们这次在阿勒泰同时见到了这两种雷鸟，看来书本上的记录该改写了。

雄性岩雷鸟的夏羽，可以让它隐身在草丛间。冬天，它会换上一身纯白的冬羽

左图：犹如仙境的喀纳斯

高山上的天气瞬息万变，队员们正在拍摄雷鸟，突然下起了小冰雹！周围连棵树都没有，去哪儿躲呢？大家正在着急，突然看到不远处有只小嘴鸦！这是中国难得一见的鸟种，现在它显然和人类一样，被冰雹打得有点慌，情急间竟然直接冲着队员们跑过

来！瞬间，人和鸟近在咫尺，天赐的良机不能错过，大家赶紧按下快门，把珍禽和冰雹一同收入画面。

　　不经历冰雹，怎能见彩虹。天晴后，一道巨大的彩虹出现在山坡上。这里奇特的天象很多见，彩虹已是司空见惯，更具观赏性的是太阳周围出现的各种冰晕，它们是云层里的冰晶折射阳光形成的。队员们有幸看到了 22° 日晕、46° 日晕和环天顶弧三种冰晕的组合秀，这可是非常罕见的！

小嘴鸻

伊犁荒漠：蜥蜴的理想国

　　最后一站是伊犁。伊犁有很多头衔，比如"塞外江南""中亚湿岛"，但"自然观察者"的队员们关注的却是这里的"蜥蜴之国"。他们没有去伊犁水草丰美的地方，而是去了荒漠区。那里的蜥蜴种类超多，甚至能在一天之内见到 15 种蜥蜴，而且不乏外形诡异的"奇行种"，大耳沙蜥就是它们的代表。

　　乍一看，大耳沙蜥灰扑扑的，相貌平平，毫无特别之处。但若一靠近它，立刻能把人吓得瞳孔放大：它会冲你张开大嘴，嘴角的皮褶展开，变成两个红色的"耳朵"，边缘还有一圈刺！这个形状奇怪的血盆大口让大耳沙蜥像极了外星生物，令人心生恐惧。队员们发现的还仅仅是一只十几厘米长的幼体，因而皮

左图：大美阿勒泰

褶还不够夸张，成体的皮褶要大得多，打开时简直就是一朵恐怖的"大花"。

由于蜥蜴层出不穷，原本只打算探索两小时的队员们玩耍了整整6小时，最后几近中暑。然而收获是惊人的，他们为12种蜥蜴留下了珍贵的影像资料。

白天如此精彩，大家推断夜晚必定也有惊喜。果然，夜巡中，他们发现了伊犁沙虎！沙虎是一类不会爬墙的壁虎，我国的沙虎中，伊犁沙虎大概是最漂亮的了。队员们用最轻的步伐接近它，它的尾巴自然贴地，没有紧张地翘起，表明它没有受到惊吓。

一个月的荒野旅程结束了，由于一直被晒得晕晕乎乎，导致队员们回忆起这段时光总是亦真亦幻。只有相机中的照片和黝黑的皮肤证明，他们曾真实地走入新疆那个奇妙的自然世界。

大耳沙蜥张开"大花"

右图：躲在沙里的大耳沙蜥

下图：伊犁沙虎头部颜色鲜艳，还有一双大眼睛

台湾荒野
原生态的宝岛

宝岛台湾在现代化的都市之外，还保存了许多原生态的荒
野。一位自然爱好者跟随几位台湾老师，在那里进行了 3 周
的野外考察，走访了多处保护区、国家公园，记录了台湾独
具特色的荒野气息和多种特有的野生动植物。

柴山：陆蟹爱山不爱水

柴山，位于台湾省南部，属于高雄市管辖。以前，柴山上曾有很多军事禁区，所以当地生态环境保护得非常好，有不少特有物种。现在柴山已经对外开放，但是依然能在公路、小道上遇到很多动物，特别是各种可爱的陆生蟹。

当时，自然爱好者正蹲在地上研究一组真菌，突然听到身边的林子里传来窸窸窣窣的声音。难道有野兽？回头一看，一只长着棕色爪子的"大蜗牛"正在枯叶中踯躅前行。蜗牛当然没有爪子，但是这东西背上的壳，向外界宣告着它确实属于蜗牛无疑。

海中的寄居蟹把海螺壳当成家，陆生寄居蟹则把蜗牛壳当成家

这个长相奇特的生物，叫作陆生寄居蟹。大多数寄居蟹都生活在海边，一生离不开水，而这一类陆生寄居蟹只有幼年期生活在海里，长大后就爬到海边的山上，不再接触海水，仅靠雨水来湿润鳃部进行呼吸。这只寄居蟹有小孩拳头那么大，它淡定地在落叶层上爬着，如同一辆装甲车。

路过的台湾本地人看着自然爱好者沉迷于寄居蟹而不可自拔，便笑着提醒说："这里还有很多陆蟹哦，前面的路上多得很。"顺着他的指引，自然爱好者很快找到了在路上横冲直撞的陆蟹。这可不是寄居蟹了，而是一种鲜黄的小螃蟹，名叫马卡道泽蟹，为台湾所独有。

　　一般的泽蟹是生活在山间的溪流里的，但柴山的泽蟹却不怎么依赖水。除了马卡道泽蟹，同行的台湾老师说，他们还在这里见过黄灰泽蟹成群地跑到马路上闲逛。

马卡道泽蟹虽然叫泽蟹，但是它们对水的依赖不大，大部分时间都在陆地上行动

　　柴山离海滨不远，但是这些小螃蟹为了扩展生存空间，选择了陆地生活。这其实也是生物进化的一个缩影，毕竟，如果没有海洋生物迈上陆地的第一步，也许就不会有我们人类了。

八仙山：怪客夜间出没

　　八仙山位于台湾中部，最高峰有八千台尺（2336米），人们就根据"八千"的谐音"八仙"命名了这座山。八仙山曾是台湾三大林场之一，但现在已经停止采伐，变成了一个森林保护区。这里的科普氛围很

浓，每一砖每一瓦都被用来介绍当地的动植物，就连住处的客房都是以山上的动物命名的。

晚上，昆虫们出来在灯下狂欢。其中有一种非常小的甲虫引起了自然爱好者的注意，它身体鲜红修长，并且有两个极其发达的后足，足上还有很多复杂的片状结构。自然爱好者以前从没有见过这种昆虫，便现场询问了同行的台湾老师，居然没有人知道。

难道是新物种？拿出放大镜一看，它腿上的"复杂结构"原来是寄生的螨虫！去掉"装饰品"，大家才认出它的真身——这是三锥象科的长腿锥象。它并不像普通的三锥象甲那样拥有大象鼻子一样的口器，难怪不好认了。

银斑舟蛾翅上的银色大斑，造成了翅面"镂空"的效果

晚上，大家支起大灯做灯诱，一片小木屑突然撞在了灯下的白布上，木屑上还有两个破洞。木屑怎么还能飞？仔细一看，原来是一只银斑舟蛾，它的翅面花纹像极了枯叶，而那两个洞，其实是翅上的两个银斑，在灯下闪闪发光，像镀了一层银。

除了银斑，有的蛾子翅上还有大块的金斑。这些斑纹，都可以起到打破身体外形轮廓的作用，从而保护自己。看来为了活命，蛾子们还真是舍得"花钱"啊！

福山：蝙蝠看风水

福山在台湾北部，离台北不远，名为植物园，但其实是大山深处的一片原生态保护区，普通游客很难获得批准入园。一进园就是一个狭长的湖，里面游着大群的台湾马口鱼。这是台湾特有的鱼种，喜欢清澈的水流。在繁殖期，成熟的雄鱼们胸鳍变成红色，臀鳍变成黄色，体侧还有一条蓝色的粗线，游在水中真好似一条条彩虹。

湖边的倒木上，很多大龟在晒太阳，龟壳足有笔记本电脑那么大。这可不是放生池里常见的、作为外来入侵种的红耳龟，而是台湾的原生种——黄喉拟水龟。在中国大陆，平常一般只有在宠物市场才能见到它。在这种龟的背上植上一些藻类，便是超萌的"绿毛龟"了。在台湾，可以看到这种龟自由地生活在大自然中。

大家在龟粪中还发现了一些羽毛，证明它们还可以捕鸟为食。黄喉拟水龟的行动并不算太快，也许它是用守株待兔的办法抓鸟。

植物园里有几座供人休息的木头亭子，其中有一个与众不同，亭子顶上挂满了蝙蝠。这种蝙蝠比普通的蝙蝠大一圈，鼻子非常扭曲复杂，像一片被揉烂的叶子，所以台湾当地人称其为叶鼻蝠（大陆人称其为蹄蝠）。亭子的梁架看似光滑，但它们的小爪子却能轻松地勾在上面，而且只用一只爪子，累了再换另一只，这习性倒和水鸟挺像。

为什么那么多亭子，蝙蝠只选择这一个呢？当地的讲解员说，有人曾给蝙蝠装上无线电，跟踪它们，发现只要在别的亭子睡觉的蝙蝠，第二天全部着凉了。对这个有点搞笑的说法，大家纷纷表示不以为然。

明池：小蛇瞎、大蛇臭

明池靠近福山，是崇山峻岭中一个不大的湖。明池周围拥有大片原始森林，湖边有许多千年古树，被当地人奉为"神木"。这里空气湿润，云雾常常从山上像瀑布一样流下来，将整个湖吞没，传说这儿有神仙居住。

在明池附近，自然爱好者挖到了一条钩盲蛇。这是世界上最小的一类蛇，不认识它的人肯定会把它当成一条蚯蚓。它的习性也确实和蚯蚓一样，在土里钻来钻去，捕捉蚂蚁和白蚁。也正是因为这个原因，它常常

钩盲蛇甚至不如一条蚯蚓大

被"无辜"地裹在园艺用土中，进入花盆里，所以它也被称作"花盆蛇"。为了适应地下生活，它的身体光滑异常，眼睛极度退化，只有一伸一缩的舌头在告诉人们，它真的是条蛇。

刚放掉钩盲蛇，大家又在明池岸边发现了一条1.7 米长的王锦蛇。这条蛇额头上的花纹赫然构成了"大王"二字，霸气外露。王锦蛇虽是无毒蛇，但性情暴躁，敢和眼镜蛇争斗，喜欢捕食其他蛇，是连蛇都害怕的蛇。

　　见到人类用相机对着自己一通猛拍，这条蛇不屑地准备爬走。自然爱好者赶紧握住它的尾巴，控制它的行动，以便让其他人能安心拍摄。这时，同行的老师提醒说，台湾人把这种蛇叫作"臭青公"，因为它受惊时会从肛门分泌出臭液，不仅恶臭无比，还很难洗掉！

　　握着蛇的自然爱好者，突然感觉手变得凉凉的、湿湿的。他飞奔向湖边洗手，事实证明，臭味确实很难洗掉，这种奇怪的味道伴随了他好多天……

右图：明池与周围的高山绿林构成一幅美丽的风景画

下图：王锦蛇的头上，"大王"二字当当正正，还被画了粗体

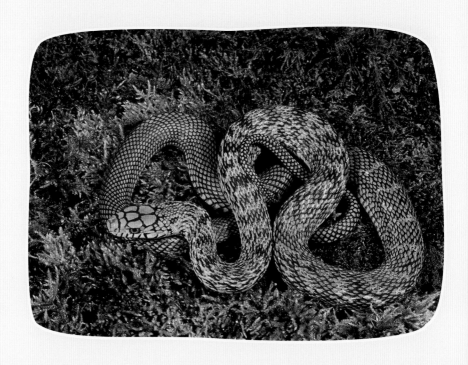

2 大山深处自由行

"会当凌绝顶，一览众山小。"站在山顶，总是能领略平地上无法欣赏到的极致风景。银装素裹的雪山，岩浆涌动的火山，繁花遍野的山……大山就伫立在那里，迎接着勇敢的人前去攀登。快快收拾行囊，向巍峨的高山进发，在崇山峻岭之间来个自由行！

四川雀儿山
触摸海拔 6168 米

"爬上雀儿山，鞭子打着天"，川藏北线上的雀儿山以高和险闻名。不少登山队员怀着激情和梦想来到这里，他们经过沉睡千古的冰川，穿过寂静圣洁的雪原，奋力爬上陡峭的断层和冰壁，他们用攀登这种方式向伟大的雪山致敬！

雀儿山，你好！

初夏的一天，北京暑热炎炎，四川全境干旱，海拔 6000 多米的雀儿山上却满是积雪。一队身影艰难行进在浓雾弥漫的雪山间，整个上午，这些登山队员都在大雾中寻找雀儿山的顶峰。时间慢慢流逝，他们急促地呼吸着，与高原反应作斗争，呼出的水蒸气在护目镜上凝成了冰，每个人逐渐流露出掩饰不住的焦急，但顶峰还是同他们玩着捉迷藏的游戏……

"九曲回肠"的川藏公路

雀儿山位于四川省甘孜藏族自治州，号称"川藏北线第一高"和"第一险"。同名主峰雀儿山，在藏语里称为绒峨扎峰，海拔 6168 米，素有"爬上雀儿山，鞭子打着天"的美名。雀儿山的美景和富有挑战性的地形，都对登山爱好者有着相当大的吸引力。然而，当真的跋涉于积雪的山体之上时，每个人都喘息着问自己：顶峰到底在哪里？

苍茫大地上，川藏公路如蟒蛇般蜿蜒至目力所不能及的远方。落差达几百米的盘山公路，令人在惊心动魄之余忘记了颠簸之苦。登山队从成都出发，海拔一路攀升，两日车程后，到达了进山前的最后一站——甘孜县，买齐了所有的物资之后，便向新路海进发了。

著名的新路海有一个动人的藏语名字——"玉隆拉错"，它海拔4000多米，是雀儿山下紧邻川藏公路的冰蚀湖。登山队雇用了20匹马驮运行李，沿新路海西岸前行。此时正值春夏之交，森林中的高原云杉、冷杉和杜鹃郁郁葱葱。春天虽然才刚刚告别，但是高原草甸上，不知名的野花依然星星点点。不远处就是群山环抱的高山牧场，羊群在草坡上缓行，如朵朵白云。碧波之上、蓝天之下、雪山之间，这些景色已足够令人忘却尘世。而延伸至森林之中的壮观冰川，似乎触手可及，让人在惊叹之余不由自主地放慢了赶路的步伐。

这是雀儿山下的冰蚀湖——新路海，碧蓝的湖水被草甸环绕着，远方积雪覆盖的山体连绵不断

绕过新路海，渡过冰川融水汇集而成的刺骨冰河，爬上台地，可以看到急流从冰川末端直泻而下，汇成巨大的瀑布，并发出隆隆的声响，仿佛是登山终于拉开帷幕的礼炮。站在瀑布前，登山队员们也用尽全力呼唤着："雀儿山，你好！"

本营的幸福生活

海拔 4300 米处有一块山谷间的平地，三面环山、一面视野开阔，可以看到冰川的末端。这里将成为登山队在雀儿山上的家。队员们在这里扎下大本营——这儿是登山的指挥部、后勤供应总站和队员休整的场所。大本营建立后一周内，登山队在海拔 5055 米处建立了第一个高山营地 C1，又在海拔 5500 米处建立了第二个高山营地 C2，这两个营地有助于人体在海拔升高过程中逐步适应环境，也起到运输物资的作用。

由"大本营"这个字眼，不用费力就可以联想到米饭、炒菜、奶粉、酥油茶、游戏、电影、唱歌、睡大觉……在艰苦的山地环境中，这些词汇简直就是幸福的代名词，而大本营则是汇集了所有幸福的天堂：食物、高压锅、登山装备、发电机……甚至有笔记本电脑，当然还有帐篷外看不够的雪山美景和可供思考、发呆、晒太阳的"多功能"大石头。

当然，由于气候与地形，大本营的舒适度是要打折扣的。队员们充分"享受"了雀儿山每日一雨的"款待"，大雨导致水位日日高升，队员们不得不数次往高处搬家。每天晚上基本上都是这样的场景：天上下着雨，队员们则发挥聪明才智抗洪抢险，挖排水沟，修防洪堤。但事实证明，在高山笃信"人定胜天"是行不通的！在雀儿山里的最后几天，漂在水上的大本营完全可以与"水城"威尼斯相媲美。

登山生活不仅是攀登和跋涉，也充满了诗意。
黄昏，寂静的高山上，落日的余晖点燃了皑
皑的白云和白雪。而这一切，躺在帐篷里就
能看到

大本营生活最令人留恋的是炊事帐，即使里面满是泥浆，也总是有很多人对它情有独钟。平时大家都会满山放羊般不见踪影，但一到饭点，山坡上就会突然出现大批"伏兵"，朝炊事帐包抄过来，可见大家不仅是登山的高手，更是"饭菜伏击战"的高手。晚上，总有队员偷偷进出炊事帐，某日大家发现果冻少了，才对某人每夜失踪多次的原因恍然大悟。

在山里的半个月，前后大概有 10 天是在大本营度过的。大本营就像家一样，让每个队员有温暖的归属感。更重要的是，这里每个人都有一个共同的心愿——要用自己的方式，向高山致敬！

遭遇冰裂缝

对于一个训练有素的登山队员来说，一到雪山，确切地说是一闻到冰雪寒冽的气息，就会兴奋激动、跃跃欲试，这大概就是所谓的职业敏感。不过，雀儿山带给队员们的感觉却远远不止这些。

C1 营地建在冰川之上，从大本营到 C1 营地要绕过一片碎石区，穿过一个瀑布，然后到达冰川末端。

雪桥是雪山上的一种地形，它是两个深坑之间比较坚实的积雪，可以通行，但是相比岩石而言较为松软，也给登山造成一定的危险

即使在没有受过登山训练的人看来，这段路也只能算是小菜一碟。

C1 营地到 C2 营地则全部位于雪线之上，这段路充分体现了雀儿山的复杂地形：雪桥、雪洞、大冰原、复杂裂缝和冰壁交错。这对登山队员来说是一个不小的挑战。

登山中遇到最多的就是冰裂缝了。受冰川内力和气候变化等作用的影响，冰川往往会形成大大小小的

冰川上深深浅浅的裂缝对登山者来说是一个潜在的威胁

裂缝。冰裂缝深浅不明，有的还被松软的积雪覆盖，若不慎掉入其中，很有可能会有生命危险。本次登山选择在夏季，积雪融化了，许多裂缝都暴露于外，危险就小多了。但面对冰裂缝，队员们还是小心又小心：抓紧了路绳、憋足了劲儿一步跨过去，都不敢回头看裂缝到底有多深。其实有路绳的保护和扎实的训练，通过没有积雪覆盖、暴露在外的裂缝还是比较安全的。

雪原之美

　　雀儿山上也有"千层雪"。由于地质作用，两块雪原之间的雪层断裂开，外露的雪断层呈现分层结构，被称为"千层雪"。这个雪断层处在登山的必经路线上，附近的地形十分复杂，裂缝密布，雪又很深，给通过造成了很大的难度。雪断层也有它雄美神奇的一面：它高 10 ~ 20 米，几乎与地面垂直，这里所有的一切都是白色的，冰块不停地从断层上落下，发出清脆的响声。从断层下面经过，队员们都轻手轻脚的，总担心会被塌下来的冰雪砸到。

这就是称为"千层雪"的雪断层。多层颜色和密度不同的雪层告诉人类，它不是一朝一夕形成的，每一层形成时都有它自己的气候和地理条件

在去往 C2 的路上有一个巨大的冰原，几个足球场拼起来也比它小得多。冰原更准确地说，应该叫雪原，因为冰面已经被四季不化的厚厚白雪所覆盖，下面到底有多深，谁也不知道。这里开阔而又干净，白雪如羽毛般圣洁。雪原三面环山，南面可以一直望见远方的河流与绿地，向北看则是巍峨雄峰。在这个海拔 5000 多米的无人涉足的雪原上，队员们居然见到了一串神秘的脚印。是野人？是熊？还是外星人？

雪原之上有一个大雪坡，一脚踩下去雪又厚又深，向上走只能手脚并用，就像游泳一样。加之坡陡且长，所以队员们给它起了个新名字——"绝望坡"。过雪坡时，大家甚至琢磨起了在这里建一个高山滑雪场的可行性，而从这个坡下撤时，真的有队员把防潮垫当滑雪板，下滑了一路。

海拔 6168 米

来到雀儿山的第 9 天，登顶的时刻终于来了。此时在每个人的心间，成败与否的疑问渐渐淡去，取而代之的是兴奋过后的平静和自信。

出发后不久，登山队员便遭遇了大雾。整个上午，他们都在云雾里摸索着找寻顶峰。下午两点，正当队员们要求本营给出顶峰确切的 GPS（全球定位系统）坐标时，雾气突然散开了，一个巨大的山体突然呈现在所有人面前。有人激动地喊道："是她，是她，没错！"这就是登山队员朝思暮想的绒峨扎峰！大家顾不得拍照，就冲了过去。原来，上午一行人走了岔路，在雾和浓云中走到了另一个山头。

站在顶峰脚下仰视绒峨扎峰，冰蘑菇、冰柱和冰斗在阳光的照耀下纤尘不染，晶莹剔透。但此时此刻，登山队员顾不得留恋这些美景，只想早点完成攀登。

百余米的冰壁是通往顶峰的最后一道关口，需要攀冰而上。队员们借助冰爪，在登山绳的保护下，沿着垂直的冰面艰难地横向上升。冰面太滑，人容易脱落，很是惊险。

右图：冰柱

最终，登山队员全部顺利登顶。晴空下的顶峰高耸于云霄之中，队员们终于站在了雀儿山最高的地方。山下的一切，包括艰辛的来路都尽收眼底。巨大的山体，让人类感觉到自己的渺小；而站在山顶，人类又会觉得自己是伟大的。海拔6168米的雀儿山主峰"绒峨扎峰"，藏语意为"雄鹰飞不过的山峰"。雄鹰飞不过，而登山队员却已成功"飞过"，他们终于用自己的方式，完成了向雀儿山的致敬！

由于雀儿山峰顶海拔较高，极易产生大雾，给队员们向上攀登增加了很大的难度

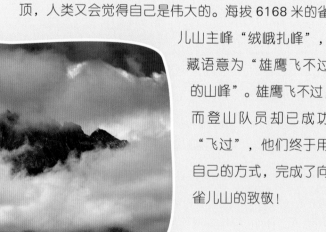

智利比亚里卡火山
感受地球内部的力量

登山不稀奇，但是你有没有攀登过一座正在冒烟的活火山?
爬活火山有什么注意事项? 中国的火山探险家远渡重洋，给
我们讲述在智利攀登比亚里卡火山的故事。

活跃，但不一定危险

智利地处太平洋东岸，它是一个狭长的国家，安第斯山脉贯穿国土。由于地处板块断裂带，这里有一连串火山，其中一些还相当活跃，时不时就"发威"。比亚里卡火山在智利中部的普孔镇，它在 2011 年和 2015 年曾大规模喷发过，其他时间虽然一直在冒烟，但是处于相对安全的状态。

一股白色的小烟儿从覆盖着积雪的火山顶端飘出来，看起来像一小朵云彩，在蔚蓝的天空下显得很可爱。比亚里卡火山海拔不算太高，还不到 3000 米，但是因为纬度比较高，再加上初春季节尚早，火山山体上有三分之二都被皑皑的白雪覆盖着。

由于纬度或海拔较高，许多火山顶上终年积雪，这给登山带来不小的难度

攀登活火山有风险，而积雪的活火山更是增加了难度系数。登山向导说，必须在清晨就出发，因为每天从中午开始就会刮风，寒冷是一方面，更主要的是，火山口会冒出大量毒气，下午的风会让毒气飘散得更快，那时人们就无法在山上停留了。

说起火山，大多数人都听说过死火山、活火山、休眠火山的说法，但是这几类火山的身份其实并不那么明确，死的会"复活"，活的会"装死"，所以现在很多人倾向于把火山按活跃与否以及活跃程度来分类。比亚里卡火山就是智利最活跃的火山之一。

爬啊爬，火山变"雪原"

脚真正踏在比亚里卡火山上，感觉立刻不一样了，火山真的不是一般的山。脚下全是松软的火山灰，细细的铅灰色粉土，每踏上一步都会激起一片烟尘。与山脚下葱郁的森林不同，火山山体上几乎没有什么植物，只是偶尔在背风的地方，有一两棵坚毅的小草作为植物部队的先锋，悄悄生长。

随着向上攀登，纵使穿上户外冲锋衣和抓绒衣，依然能感觉到山风寒冷。远远望去，太阳刚从地平线

火山山体表面比较平滑，由于没有参照物，登山时会错误地感觉自己走在"雪原"上

上升起不久，山上的白雪在晨曦中闪闪发亮，远处的山丘原野都笼罩着一层淡青色。进入积雪区域前，登山向导指导大家"穿戴"整齐——头上戴上头盔，腿上套上雪套，手里拿着登山杖。

原本以为，在雪中登山会很滑，其实不然。雪地已经被前面的人踩出一条一人宽的小径，这条小径是"之"字形迂回向上的，这样虽然增加了路程，但是却让爬坡变得更容易。攀登雪山其实不是一件有趣的事儿，这里不像泰山、华山那样，移步换景，处处都有风光。在雪山上，不论是抬头还是低头，往往只有两个颜色——蓝的天和白的雪，前方之字形的路，仿佛一直通到天空。

图中凹陷的位置就是火山口，火山喷发时，岩浆就从这里涌出

在雪地里跋涉了3个多小时，依然看不到尽头。抬头往上看，由于角度问题，在半山腰上反而看不到火山口，只有一片平坦而光滑的雪坡，几乎看不到起伏。因为失去了参照物，感觉前方好像是一片白色的平地。但是一步步走着，膝盖关节传来的压力告诉你，你是在与地心引力作斗争。这一地区火山密集，能看到其他火山。它们也都是圆锥形的山体，山体上覆盖着积雪，而山顶却反而露出深色的岩石。这一带都是活跃的火山，虽然它们现在处于稳定期，没有呼呼冒烟、岩浆翻滚，但是火山口处的温度还是会比较高，所以那里的雪都被烤得融化掉了。

毒气：火山口小心呼吸

走到后来，人就有点体力不支了，有点浑浑噩噩的，只知道低头迈步，眼前只有向导的脚跟。这个时候，时间和海拔都仿佛失去了意义，唯一剩下的，就是迈步向前。又走了很长时间，向导突然停下了，同时一阵欢呼声传来。抬头望去，前方的景象变了，不再是单一的白雪，而是在雪地上露出东一块西一块的黑色山体——终于到达终点了！

然而这时，向导却高声提醒大家：第一，不要太靠近火山口，掉下去就会没命；第二，不要在雪地上乱跑，有些雪面下方是空的，踩漏的话也很危险。爬火山，安全永远是第一位的。

火山口，是一个巨大的近圆形凹陷，火山口四周的雪很薄，而且上面落着一些黑色的火山尘埃。火山口内壁则完全没有积雪，颜色深浅不一，有点像烧过的蜂窝煤残渣。走到火山口边往里看，还没等看清楚，一阵强烈的热气突然扑面而来。火山口冒出来的毒气没有颜色，但是无比呛人，几乎瞬间就能让人窒息，即使咳嗽得眼泪都出来了，也不敢再吸气——吸入的气体也完全是毒气。火山的毒气可不是闹着玩的，里面的成分包括大量硫化物和一氧化碳，吸多了等于高浓度的煤气中毒。

　　火山喷出的气体，除了水蒸气之外，主要成分是含有碳、氢、氮、氟、硫等元素的物质，大多数是对人有害的化合物。据说有时火山还能发射出人体感官察觉不到的电磁波和放射性物质，导致电子仪表失灵。

　　在火山口没停留很久，向导就招呼大家往回走。即使是专业的勘测队伍，也必须携带隔热服和防毒面具，才能继续往火山口内走一段路。当然，这种勘测依然十分危险，所以现在国外的火山研究，往往利用智能机器装备，可以遥控操作，让机器代替人去更深的地方采集岩石标本。

火山口不断冒着热气和毒烟，向口内望去，岩壁上沾满凝结的硫黄

滑降：火山游乐园

常说上山容易下山难，但是这句话用在比亚里卡火山上并不适用。下山的时候，人们不需要再用步行的方式，而是靠一个薄薄的特制滑板，坐在上面，人直接从山坡上滑下去。小时喜爱玩滑梯的人一定高兴坏了，只要往滑板上一坐，就可以"哧溜"一下滑出老远。

普通的山可不能这样，因为火山锥相对于普通的山来说，山体坡面更加"光滑"，没有太多起伏，也没有突出的石头成为障碍，再加上厚厚的一层积雪，所以这样往下滑没有危险，也根本无所谓路线。想要减速也很简单，只要往后躺倒在山坡上就行。

费力攀登了 5 个小时才登顶，坐着向下滑，居然半个小时左右就到达了山下。回去的路上，向导介绍说，比亚里卡火山非常活跃，20 世纪 80 年代的一次大规模喷发，喷出的岩浆和火山灰把它脚下的普孔小镇完全摧毁了。喷发平息之后，人们又回到这里，重建了小镇。

现在智利政府在这里设立了监测网络，火山山体上有很多自动监测仪器，不同位置的温度、震动和喷出气体的量，都会被记录下来。与地震相比，火山爆发更容易监测和预告，火山变得活跃时，通常会频发震动、大量冒烟，这些信号都说明地下的岩浆已很不安分。

当各项指标到达一定程度时，监测系统就会发出警报，必要的时候，全镇和附近的居民都要撤离到安全地带，直到警报解除。因为智利是一个多火山的国家，所以智利对火山的研究和预警水平都很高，近几十年有几次火山爆发事件，虽然财产损失不可避免，但是都没造成太大的人员伤亡。

生活在火山脚下虽然有危险，但是火山灰养分丰富，格外适合种植蔬菜水果。而且火山还提供了丰富的地热和矿产资源，普孔小镇附近就有不少很棒的温泉疗养地。这座火山也真的很可爱，在它不"发怒"的时候，登登山、滑滑雪，大家可以尽情地享受它的恩惠。

比亚里卡火山脚下的普孔小镇很宁静。多年前，小镇曾经被火山喷发出的岩浆完全摧毁

下山的时候，不用再辛苦地徒步，坐在一个
特制的小滑板上，就可以很快滑下山

河北小五台山
兰花，兰花！

提到兰花，人们大多会想到南方的幽深峡谷和热带丛林，很少会和干燥的北方联系起来。其实，在中国北方，也有几十种兰花在山野中默默绽放。几位生态摄影师数次深入河北的小五台山，终于拍到了它们的倩影。

"盘龙参"：披缠鲜花绶带

2012 年 6 月，由几位生态摄影师组成的"兰花小分队"，一行人驱车 200 多千米，从北京到达河北省蔚县的小五台山自然保护区，只为一睹神奇兰科植物的芳容。

刚进入保护区，摄影师们就幸运地在小溪边见到了第一种兰花——绶草的身影。绶草是我国兰科植物中分布很广泛的一种，但在干旱的北方，想见到它也不太容易。同行的大部分人还是第一次见到绶草，立刻就被它的美艳所折服！绶草的花序直立挺拔，开满了螺旋状扭转排列的小花，如同一条美丽的红龙盘旋而上。又由于它的根为肉质，好似人参，因此被人们称为"盘龙参"。

绶草的花朵旋转着次第开放，就像人们领奖时披挂的绶带

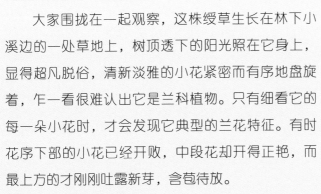

大家围拢在一起观察，这株绶草生长在林下小溪边的一处草地上，树顶透下的阳光照在它身上，显得超凡脱俗，清新淡雅的小花紧密而有序地盘旋着，乍一看很难认出它是兰科植物。只有细看它的每一朵小花时，才会发现它典型的兰花特征。有时花序下部的小花已经开败，中段花却开得正艳，而最上方的才刚刚吐露新芽，含苞待放。

约会"女神"：
山顶落满"绣花鞋"

离开溪水边，摄影师们开始向山顶草甸进发。此时正是大花杓兰和紫点杓兰的花期，它俩也是摄影师此行的主要目标种类。杓兰的花又大又鲜艳，因其惊世之美被称为"女神之花"，它最大的特点就是唇瓣变成囊状，像只胖胖的小鞋。在欧洲传说里，它们是由女神维纳斯遗失在林中的鞋子变成的。

上午的 4 个小时，摄影师们一直在山腰的落叶林里艰难跋涉。直到中午，他们眼前一亮——终于来到山顶草甸了！草甸上遍地是各色野花，其中混杂着一些"口袋状"的大花，直径有 5 厘米左右。那就是大花杓兰！大花杓兰是一种颇为"狡猾"的植物。它自己没有花蜜，却精心模拟了一种有蜜的植物——马先蒿，欺骗昆虫为其传粉。它粉红的花色很像马

上图：大花杓兰花大而色艳，是华北地区最具观赏价值的野花之一

右图：和华贵的大花杓兰相比，紫点杓兰更像是亭亭玉立的少女。它更为稀少，花期与大花杓兰有重叠

先蒿，且二者的分布和花期也都重叠。昆虫爬进它的"口袋"，但却不能原路返回，只能从另一个出口爬出，这个出口处正是花粉团的所在，于是昆虫就带着花粉离开了。这个迷宫结构表面上看不出，要剖开花朵才能一目了然。

大花杓兰找到了，大家心情不错，开始寻找第二种杓兰——紫点杓兰。前一年，摄影师们在附近曾经

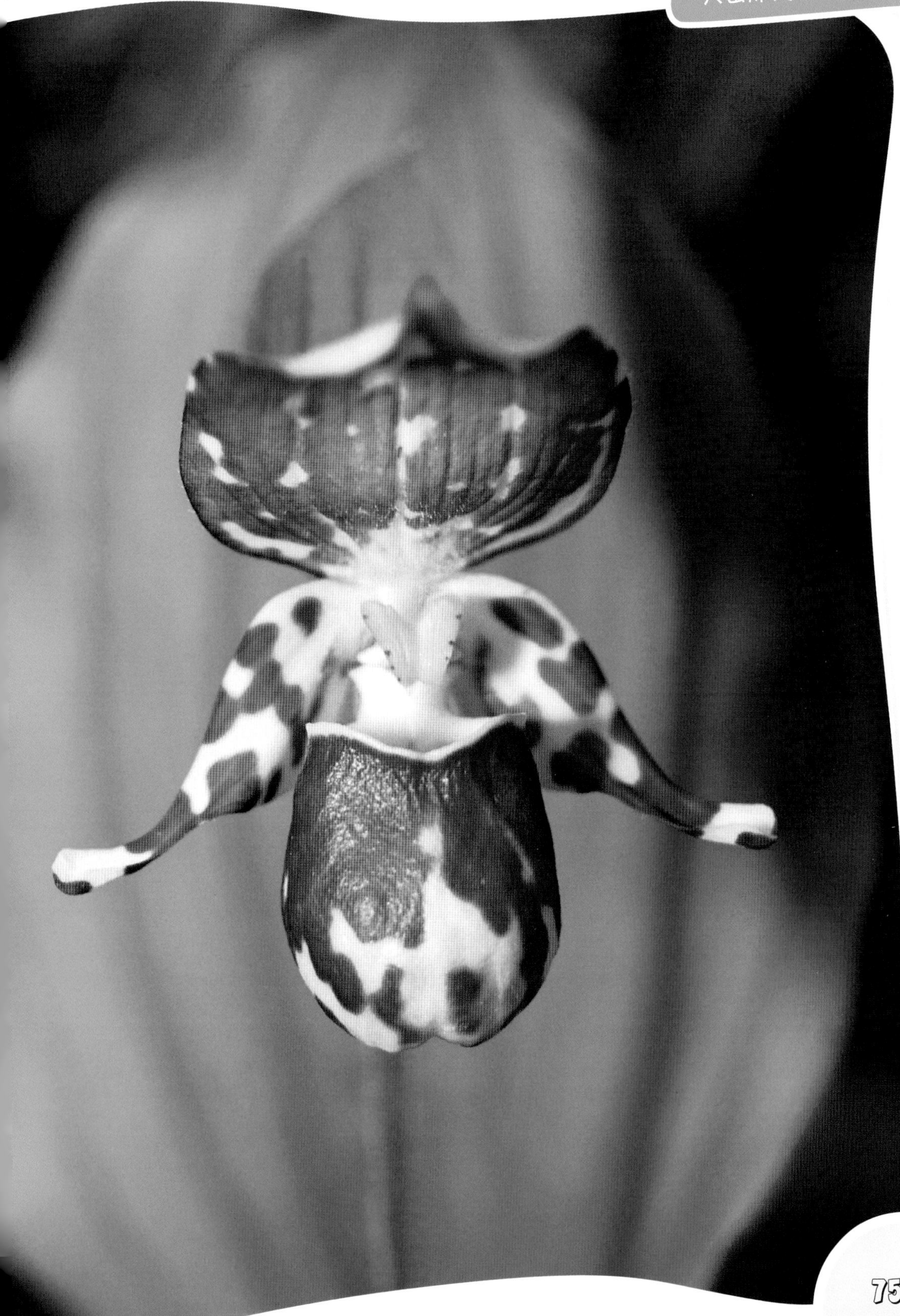

记录到一个小群落，大家都觉得，如果幸运的话，它们现在应该也在开花。果然，不久之后，它们的身影就出现了，老友重逢，让人十分欣慰。紫点杓兰对生存环境的要求非常苛刻，数量比大花杓兰稀少，花朵也要小一号。精致的花瓣上点缀着紫色的斑点，在清风中仿佛害着的少女，真是花中的精灵！

裂唇虎舌兰：腐土钻出俏佳人

　　7月下旬，摄影师们再次来到小五台山。这里的天气十分诡异，刚刚还被太阳烤到全身发烫，转眼间，一片乌云竟从天边飘来。眼见大事不妙，摄影师们赶紧撤到树林里，大雨随即倾盆而下，一下就是四十多分钟。雨停了，泥泞的路面非常难走。走出没几步，大家被路边低矮灌木下的两株怪怪的植物所吸引。定睛细看，正是所有人梦寐以求、找寻多年未果的裂唇虎舌兰！要不是泥泞让大家放慢脚步，或许就真的错过了！

　　裂唇虎舌兰属于奇特的"腐生兰"，自己没有叶片，不能进行光合作用，全靠吸收动植物尸体里的养分活命。这类兰花一般都不太起眼，但摄影师面前的这两株裂唇虎舌兰，淡黄的花中有一片白色花瓣，上面还有浅浅的紫色斑纹。既有腐生植物的特质，又有经典兰花的清秀美丽，这让摄影师们对腐生兰的印象来了个180°的大转弯！大家一边拍照，一边猜测：

右图：裂唇虎舌兰美丽清雅的花朵，使人很难相信是腐生兰的杰作

"这花这么美丽，应该是香的吧？"凑近闻一闻，果真有一种淡淡的清香气味。要知道，绝大部分腐生兰花是没有任何气味的。

二叶兜被兰：
天赐一跤摔得值

在小五台山，还珍藏着一种异常美艳的兰科植物——二叶兜被兰。作为北京市二级保护植物，它的数量稀少，多年来一直鲜有人有幸与它谋面。

一行人行至山腰的一处华北落叶松林。由于刚下过雨，道路泥泞湿滑，有位摄影师在爬坡时不小心滑倒了，幸好他及时抓住了灌木丛，才避免滚下山去。正当他满身泥水埋怨老天爷时，突然发现身边的落叶层里长着一株亭亭玉立的紫红色小花。再定睛一瞧，原来正是大家苦苦找寻多年的二叶兜被兰！它的叶片上带有零零星星的斑点，小小的花朵就像一个歪戴着帽子的小朋友在向大家做着鬼脸。这是摄影师们此行遇到的最为珍贵的一种兰花，所有人都兴奋得欢呼雀跃，都使出自己摄影的看家本领，广角版、微距版、环境版、局部特写……多角度拍摄了一个多小时才依依不舍地继续上路。用摄影师的话讲："这个跟头摔得太值了！"

二叶兜被兰通常只长两片绿叶，这也是它名字里"二叶"的由来

这几次小五台山兰花调查，对于这些生态摄影师兼植物爱好者来说无疑是幸福的。不过由于种种原因，这些脆弱的野花已经日渐稀少。希望它们能在自然中茁壮生长，也祝福它们不断繁衍，生生不息。

山上的野花不要采

在小五台山寻兰的沿途，还有很多"寻花人"，不过他们对美丽的兰花并不满足于拍照记录，还要直接采摘。野花被采下来，玩了一会儿花蔫了，就随手扔在地上。草甸上随处可见被游人丢弃的野花，它们无精打采地躺在草地里，像是在哭诉着自己的遭遇。其中一堆花束让摄影师们感到非常心痛，因为那里面夹杂着两株北京市一级保护植物——大花杓兰的花朵。

众所周知，花朵是植物的繁殖器官，对于植物的繁殖极为重要，对于古老、娇弱而珍稀的兰科植物来说，采摘了它们的花朵，很可能会造成种群数量的减少，甚至消失。

开花需要消耗很多能量，所以开花期间也是植物比较虚弱的时候。游客摘花时，常常连枝带叶一起拔下来，植物不但损失了制造能量的叶片，还可能在拔的过程中损伤根部。这就会造成植物无法积累足够多的越冬所需的养分，大大增加它们在冬季死亡的可能性。

大自然中的植物也在努力地"生存"，请爱护植物

3 浩瀚海洋多精彩

海洋是生命的摇篮，它不但养育了数不清的动植物，更用自己的独特魅力让人类为之惊叹、折服。让我们一起投入海洋的怀抱吧！在水下与鲨鱼、海狮来个亲密接触，在海岛上参观独一无二的动物、挖掘木化石……蔚蓝的大海辽阔而充满未知，别样的精彩超出你的想象！

澳大利亚东南海岸
与鲨鱼、海狮共舞

澳大利亚的东南角，有一片纯净的温带海域。那里并非大堡礁那样的珊瑚世界，却有着强壮的鲨鱼、淘气的海狮、古怪的叶海龙……各种生命精彩地生活着。现在，跟着水下摄影师一起跳下海，打开新世界的大门吧！

直面大白鲨

从悉尼出发，经南澳大利亚州首府阿德莱德中转，水下摄影师乘坐的飞机来到了澳大利亚南部的林肯港。他们此行的目的，是为了拍摄这里的水下世界。而说起此地的明星海洋生物，不能不提的就是大白鲨了。

大白鲨是世界上体型最大的掠食性鲨鱼，它们的身长可达 6 米以上，斯皮尔伯格的电影《大白鲨》让它出了名，但大白鲨并没有电影中描述的那样见人就咬，比起人类，它对鱼类、海豹和海狮要更感兴趣。

大白鲨张开大嘴向笼子冲来

当然，要想近距离观赏它，人还是要做足防护的，比如躲在笼子里。在林肯港，"笼中赏鲨"已经是十分成熟的旅游项目。

第二天，水下摄影师们登上了观鲨船。这是一艘不大的游艇，船尾挂着一个巨大的铁笼，可以同时容纳 6 人在笼中欣赏大白鲨。船驶向了一片大白鲨经常出没的水域，这里是它们喜爱的猎物——海狮的栖息地。

笼子沉入水里，观鲨者从顶部的开口跳进笼子。船员在笼子周围泼洒着混着鱼血的金枪鱼碎肉，以吸引大白鲨。先是来了一群小鱼抢食，过了一会儿，

远处的海水中一个灰白色的身影越来越近——大白鲨来了！

大白鲨的气度果然不凡，粗壮的纺锤形身体蕴含着力量，轻轻一摆尾就冲出去好远。它在笼子周围徘徊，大概是看不上碎鱼肉，这时船员非常配合地抛出用细绳拴好的金枪鱼头，"噗通！"鱼头一入水，大白鲨立刻来了精神，冲了过来。船员把鱼头拉向笼子，于是笼中的人看到大白鲨长开大嘴向自己冲来，"咚！"它的牙齿啃在了笼子上，一摆头，又叼住了鱼头，几口就把它吞了下去。这头大白鲨缺了几颗牙齿，大概是撕咬猎物时脱落的。不过没关系，鲨鱼的牙会源源不断地长出来，新牙马上就会接替脱落的旧牙。

和海狮一起玩

大白鲨目标达成！摄影师们开始寻找下一个目标——海狮。他们来到距离悉尼近 5 小时车程的纳鲁马小镇，这里是海狮的据点。

这里的海水极为清澈，在 25 米深的水底抬头，能清清楚楚地看到水面的船底，这在温带海域实在是件奢侈的事情。这么好的地方，难怪海狮喜欢了。它们三五成群地嬉戏打闹，有时候还会互相咬嘴扭作一团，直到把气吐光了再一起冲出水面。

经常有沙虎鲨在旁边路过，它们长相凶狠，谁看到都得躲着走，但它们一遇到海狮就没招了。海狮灵

左图：可爱的海狮

巧异常，又爱捣乱，经常把沙虎鲨"调戏"得灰头土脸。摄影师们拍到一头海狮"偷偷"地尾随着比它还大的沙虎鲨，一直想咬它的尾巴。仔细一看，这条沙虎鲨的尾巴已经明显短了一截。再看看其他鲨鱼的尾巴，有的明显是断掉后又长出来一截小尖尖，看来都是被海狮咬过……沙虎鲨开始还端着架子，后来实在烦了，一甩尾巴闪电般消失在大家的视野中。

　　水下有一块操场一样的大平地，海狮们把这当成了竞技场。它们会先贴着海底"飞行"到广场中央，趴在地上等待对手前来挑衅，应战者也会以同样的姿态"滑翔"过来，然后两只扭作一团开始比武。

　　一位摄影师学着海狮的样子，也趴倒在地，过了

与海狮面对面

一阵儿，真的有一只海狮贴着海底滑翔过来，一直到摄影师的镜头跟前，突然张开嘴嗷嗷叫了两下，然后兴奋地看着他，好像在等着他应战。不过，看到摄影师一直在拍摄，这只海狮大概觉得太无趣，便去找别的小伙伴玩耍去了。在它们打到兴起时，会完全无视周围的所有生物，即便你离它们很近，它们也只是在扭打中瞟你一眼，一脸"这是谁？好挡道！"的表情，然后继续打成一团。

穿着"厚重"的潜水衣行走在暴晒的沙滩上，真不是件轻松的事儿

冰火两重天

海狮、鲨鱼都是大块头，下面要换换口味，开始寻找一种精致的小鱼——叶海龙。摄影师们来到阿德莱德市，然后驱车3小时前往潜水点。一路上，被澳大利亚人"宠坏"的袋鼠毫不怕人，会随便横穿马路，因此开车得格外小心。

到码头后，摄影师要在烈日下穿上7毫米厚的潜水衣，并且身着潜水重装，手持摄影装备，在丝毫不透气的情况下忍受着日光的灼烧，还要步行几百米才能从码头的尽头下水。不过，有一点让摄影师感到欣慰：这里的海水很凉，只有17℃，所以浑身晒得滚烫后跳进冰凉的海水中，二者一中和，感觉十分舒服。

这儿曾有个旧码头，多年前被台风摧毁，但因祸得福，倒塌在水中的木桩、石块上长满了海藻，引来了各种鱼躲在里面，所以成为了当地著名的潜水点。

一根活的"海藻"

这里就是叶海龙理想的觅食场所了。叶海龙是海马的亲戚，身上长出了很多叶状的附属物，看上去就像是一团海藻。在海藻丛林的庇护下，叶海龙可以完美地达到隐身的效果，彻底隐没在一片黄绿色中。

海藻被水流吹得翻来翻去，叶海龙掺杂在其中，拍摄时常常拍着拍着就找不到了，聚精会神地搜索往

叶海龙就像是一团海藻，可以完美融入背景

往往会让人头晕目眩。摄影师使用鱼眼镜头进行拍摄，要想拍出满意的照片，需要让叶海龙几乎贴在镜头上。如果追着它拍，肯定要累死。摄影师干脆以退为进，尽量保持静止，这样的话，叶海龙就会失去戒心，慢慢靠近过来，甚至会被水流直接推到镜头上。

在码头附近，不仅能找到叶海龙，也能发现很多其他有趣的温带海洋生物：各种鲀类、各种华丽的海蛞蝓，还有鲜红的海星和乌贼。如果手里有个微距镜头就再好不过了！

一天的拍摄结束，摄影师们漫步在傍晚的阿德莱德，看着冲浪运动员们喊着口号一次次冲入浪花中，再一次次随着波涛抢滩登陆，似乎完全不知疲倦，直到夕阳西下。在这个世界，有时只有放慢脚步，才有机会看到不一样的风景……

叶海龙的亲戚——草海龙，身上的叶状突起比较少

东太平洋加拉帕戈斯群岛
重走达尔文之路

在达尔文的环球航行旅途中，曾经抵达过一片重要的岛屿——位于南美洲以西、太平洋东部赤道附近的加拉帕戈斯群岛。差别微小的地雀、身形庞大的陆龟、独一无二的热带企鹅、形如小型恐龙的鬣蜥……达尔文在这片群岛上找到了进化论的坚实证据，而加拉帕戈斯也因为达尔文而扬名。

陆龟堡垒

　　体型庞大的象龟是加拉帕戈斯动物中的"大明星"，它们最大能长到 1.5 米，体重接近半吨，是全世界最大的陆龟。最早到达这里的西班牙航海家把这里的巨龟命名为"加拉帕戈斯"，后来，整片群岛也以这个名字命名。

　　想要支撑沉重的身体并不容易，这些大型陆龟长着大象一样粗壮的四肢，它们会像升降机一样慢慢站立，站稳后，才缓慢地向前迈步。它们经常走几步就要停一下，抬起头看看四周，或者干脆趴下休息一会儿。达尔文曾经测试过象龟的速度，它们每小时只能走 300 米，扣除吃饭睡觉的时间，象龟每天只能走两三千米。

由于活动的范围有限，象龟经常尽可能地伸长脖子，去够身边有可能吃到的食物。有时候为了够到高处的植物，它们甚至会尽量把身体直立起来

　　达尔文很喜欢这些温顺的大型陆龟，有时候甚至跟它们开开玩笑。象龟的听力不好，不易察觉到身后的事物，达尔文却偏偏从它们身后悄悄接近，然后猛地跳到象龟前方。象龟发现眼前突然有人出现，吓得赶紧趴在地上，脑袋尽量往龟壳里缩。这时候，年轻的达尔文就会跳到它们的背上，跺跺脚，象龟就会起身继续向前。达尔文在他的笔记里写道，想在龟背上保持平衡并不容易。

吃素的"活恐龙"

海边黝黑的礁石突然活动了！它向前移动了几步，然后"扑通"一声跳进水中。细长的身体，短小的四肢，长长的尾巴既是桨，又是舵，左右摆动，在水中游得灵活而轻松——它们就是号称"加拉帕戈斯活恐龙"的海鬣蜥。当它们趴在礁石上时，黑色的凹凸皮肤足以混淆视听。

海鬣蜥是一种独特的蜥蜴，达尔文认为它们更像"小型鳄鱼"。爬行动物属于冷血动物，所以海鬣蜥要靠阳光补充身体的热量。每天早晨，海鬣蜥成群结队，趴在海岸的礁石上，一动不动地晒太阳；等到身

属于爬行类的海鬣蜥是冷血动物。每天清晨，它们都会成群结队地趴在容易晒到太阳的岸边岩石上，等待着日光温暖它们的身体。体温升高后，海鬣蜥就会跳进海水中进食。不吃饭的时候，它们大多待在海边，一动不动的模样常会被人误以为是礁石

体暖和了，它们就跳进水里，潜到海底吃岩石上的海藻。海鬣蜥的潜水技术很棒，它们下一次水，能在海里待 40 分钟之久，可以算是高手了。

达尔文并不太喜欢海鬣蜥，称它们外貌凶恶、皮肤肮脏，但他依旧对海鬣蜥做了观察和研究。达尔文称，海鬣蜥从不做出要咬人的动作，当受到惊吓时，也不会跳入水中逃命。潜水只是为了进食，这是达尔文为海鬣蜥下的结论。通过解剖海鬣蜥的胃，达尔文发现，这些难看的爬行动物，几乎只吃水草和海藻。与它们的陆生食肉近亲相比，海鬣蜥的消化系统更为粗糙宽大。

进化论博物馆

加拉帕戈斯群岛的陆地上，生活着海鬣蜥的亲戚陆鬣蜥。陆鬣蜥能长到一米多长，也许是登山爬坡更需要力气，它们的身形要比海鬣蜥粗壮不少，体重能达到十多千克。关于陆鬣蜥的生活，达尔文总结了两大特征：钻洞、食草。陆鬣蜥通常不会远离自己的洞穴，而它们的食物，也多以植物为主。有时能看到陆鬣蜥食用仙人掌鲜嫩多汁的茎，它们粗糙的皮肉，使得仙人掌自卫用的尖刺根本派不上用场。

生活在海边的海鬣蜥和山地的陆鬣蜥拥有共同的祖先，它们大约在 500 万年前进化为两个不同的物种，而它们的祖先则是南美洲大陆的绿鬣蜥。相比于海鬣蜥的黑色，陆鬣蜥肤色偏黄

达尔文认为，加拉帕戈斯群岛的神奇之处，在于海鬣蜥、陆鬣蜥和各种龟类的极大丰富，它们占据了岛上的主要空间。"世界上没有其他任何地方，爬行动物如此离奇地取代了食草的哺乳动物"，这是达尔文对岛上爬行类动物重要性的评价。

现代科学家通过对血红蛋白中的氨基酸进行对比，发现加拉帕戈斯的海鬣蜥和陆鬣蜥有着共同的祖先：来自南美洲大陆的绿鬣蜥。科学家推断，在500万~700万年前，南美洲曾经发生过巨大的风暴，将陆地上的大批树木摧毁，它们落入海里，随波逐流地漂到加拉帕戈斯群岛。在这些树木上，藏着陆龟、绿鬣蜥等多种动物。

之后，一些绿鬣蜥定居在海边，苦练游泳技术，逐渐适应了"海陆两栖"的生活，进化成现在的海鬣蜥；而有些绿鬣蜥则爬上高山，以仙人掌等植物为食，进化为现在的陆鬣蜥。正是这些独立进化的特异物种的存在，又一次为进化论提供了确凿证据，加拉帕戈斯群岛也因此被喻为"活的生物进化博物馆"。

飞越世界的大鸟

当达尔文登上一座座小岛时，铺天盖地的鸟儿给他留下了很深刻的印象。加拉帕戈斯群岛最引人注意的就是体

军舰鸟是加拉帕戈斯群岛最霸道的鸟类。依靠宽大的翅膀和强健的身体，它们可以飞越海洋

型庞大的军舰鸟。军舰鸟翼展可达
2 米，是世界上最善于飞行的鸟类
之一，它们可以飞到离家 1600 千
米远的地方去找食物。

这种可以在海面上长途飞行
的鸟，还有许多引人关注的特殊
行为。军舰鸟最著名的特点，就
是在繁殖季节，雄鸟会把喉囊充气，
鼓成一个鲜红色的"气球"，它们用这种办
法吸引雌鸟的注意。此外，军舰鸟还有一种不良嗜
好——拦路抢劫。当其他海鸟抓到鱼，正想飞回岛上
吃掉时，军舰鸟可以在空中发动袭击。海鸟受到惊
吓，嘴一松，鱼从嘴里掉下来，军舰鸟就会立刻飞
到下方接住。

军舰鸟的红色喉囊是它
们最典型的特征。雄鸟在
发情时，喉囊能够充气膨
大，用来吸引异性

蓝脸鲣鸟是军舰鸟欺负
的对象：军舰鸟会吓唬
捕食归来的蓝脸鲣鸟，
而后捡起鲣鸟们掉落的
食物。图中的蓝脸鲣鸟
成鸟（右）正在给幼鸟
（左）喂食

赤道上的企鹅

在加拉帕戈斯群岛的鸟类中，最独特、最可爱的就是企鹅了。企鹅？没错，这里有世界独一无二的、生活在赤道地区的企鹅——加拉帕戈斯企鹅。

在人们的印象中，企鹅通常是与冰天雪地的南极联系在一起的，但是地处热带海洋的加拉帕戈斯群岛确实生活着一种特有的企鹅。它们的身高不到半米，身披标志性的黑白两色"外衣"，是企鹅家族中体型小巧的种类。

加拉帕戈斯企鹅之所以能够出现在热带岛屿，要归功于洋流。由于受到秘鲁寒流等洋流的共同影响，

加拉帕戈斯企鹅又名加岛环企鹅、科隆企鹅，相比于生活在南极的同类，加拉帕戈斯企鹅的体型更小巧，也不习惯聚集成大群活动。当白天气温上升时，加拉帕戈斯企鹅通常会在水中活动，以确保体温不会过高

加拉帕戈斯群岛的环境气温远低于赤道其他地区，这才使得企鹅可以在此生存。与远在寒冷地区的亲戚相比，加拉帕戈斯企鹅没有那么胖，它们不需要厚厚的脂肪来抵御严寒。它们也不像南极的企鹅那样，为了相互取暖，一大群挤在一起。从身材到习性，这些热带企鹅又是一例环境改造物种的典型。

达尔文的困惑

当达尔文踏上加拉帕戈斯群岛时，真正的困惑并非来自外形奇特的生物，而是来自一些不大起眼的小鸟。它们是一类叫"地雀"的小鸟，由于体型娇小，不可能在大海上连续飞行上千千米，因此地雀们的活动空间仅限于岛上。

不同种类的地雀，在形态上具有细小差别，这些差别也只能是在长期的岛屿生活中慢慢演变而来。以种子为食的地雀，喙更加短而粗壮，以便有力地咬开坚硬的种子外壳；捕捉昆虫的地雀，喙则要小巧秀气一些。食物和生存环境的不同，造成了不同种类地雀外形的差异。这是一个令达尔文不安而兴

加拉帕戈斯群岛上的地雀，是由同一祖先进化出来的多个种类。科学家认为，在数百万年前，出现过极强的气流——也许是一场大的风暴。气流把远在南美洲大陆上的地雀祖先带到了加拉帕戈斯群岛。在之后漫长的岁月中，为了适应不同的食物和生存环境，地雀们的外形也出现了相应的特化

奋的结论。通过对这些小鸟的研究，进化论中最重要的观点在达尔文脑中形成：并不是上帝创造了这些动物，它们的"创造者"就是这些岛屿本身，对环境的适应是产生新物种的力量。

海狮日光浴场

为了保护野生动物，加拉帕戈斯群岛有一则规定：人要与野生动物保持最少2米的距离。然而这个规定并不容易执行，因为动物们时常主动靠近人类。如今的加拉帕戈斯群岛，是一个由海狮统治的世界，海狮几乎随处可见，尤其是在温暖的沙滩上。但成年雄性海狮大多去了比较远的海域，最常见的是带着幼崽的海狮妈妈。

因为几乎没有游客威胁到海狮的安全，这些肥硕的哺乳动物开始喜欢人类，尤其喜欢人类提供的阴凉。通常发生的状况是，沙滩上的海狮靠近游客，游客们躲开，而海狮也跟着游客挪动身体，并最终停留在距离人类脚边不到1米远的地方。这些海狮都是晒多了太阳的，它们特地跑到人群的影子下去乘凉。

在达尔文时代，加拉帕戈斯是一片几乎与世隔绝的空间，只有少数殖民者在这里生存，他们捕食

如今在加拉帕戈斯群岛，最常见的大型哺乳动物是海狮，它们通常躺在沙滩上晒太阳。对海狮们威胁最大的动物是鲨鱼，但近年来真正造成海狮数量锐减的原因，则是厄尔尼诺现象。由于严令禁止威吓、伤害野生动物，海狮对于人类毫无畏惧，经常一脸满足地躺在沙滩上

象龟、鬣蜥和海狮。经过了一百余年，群岛上的12种象龟如今仅存9种，而总数量也从25万只减少到了1万余只。自从1978年加拉帕戈斯群岛被联合国列入世界自然遗产名录以来，这里一直都很严格地执行各种动物保护条例。除了必要的科研工作，多数岛屿不允许人们登陆，只有小部分岛屿对游客开放，而且游客必须跟随导游，沿标记清晰的小路游览，严禁走出标记以外的范围。

对于加拉帕戈斯群岛，国际上流行着这样一段评价：它不仅是一个"魔幻之岛"，更是一面魔幻的镜子。透过它，我们不但看到了地球的过去，还能看到地球的未来。

如果有一天亲到这个美丽而神奇的岛屿，请静静地欣赏

爱琴海莱斯沃斯岛
发现远古森林

希腊的莱斯沃斯岛是欧洲最著名的木化石出土地之一，这里的木化石不但数量多、体积大，而且由于成因特殊，保留了大量有关生命与环境的信息，把远古森林完好地封存在地面之下。

爱琴海的骄阳下

有个谜语：远看像棵树，近看还像棵树，可是不是树，猜猜是什么？答案是"木化石"。木化石的确是一种奇特的东西，虽然有"树干""树皮"，但却是货真价实的石头。

世界各地出产木化石的地方很多，但莱斯沃斯岛的木化石最为独特。莱斯沃斯岛是希腊东部爱琴海上的一座大岛，整个岛屿以及周边几个小岛，都属于"莱斯沃斯石化森林地质公园"的范围。

这里的木化石确实非常特殊。大多数木化石是在河湖底部的淤泥中形成的，通常是树木自身倒下，或者因泥石流、洪水等原因埋入泥里，逐渐石化。而莱斯沃斯的木化石源自火山爆发——类似著名的庞贝古城，火山灰把森林迅速掩埋起来，封存了"第一案发现场"，所以很多木化石得以保持住上千万年前的原始姿态。

希腊的莱斯沃斯岛因拥有大量木化石而成为世界地质公园

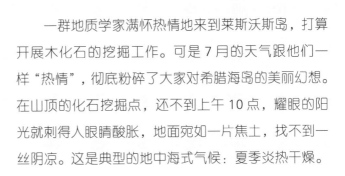

一群地质学家满怀热情地来到莱斯沃斯岛，打算开展木化石的挖掘工作。可是 7 月的天气跟他们一样"热情"，彻底粉碎了大家对希腊海岛的美丽幻想。在山顶的化石挖掘点，还不到上午 10 点，耀眼的阳光就刺得人眼睛酸胀，地面宛如一片焦土，找不到一丝阴凉。这是典型的地中海式气候：夏季炎热干燥。

也许全世界的地质工作者都一样，习惯了"冬练三九、夏练三伏"，天气热什么的根本不放在眼里。大家兴致勃勃，围着一处处木化石的"树桩子"摸的摸、挖的挖，热烈地讨论着"火山热液如何参与树木离子交换"之类的问题。

自然"黑科技"

"2000万年前的一天，火山开始猛烈喷发，被喷上天的岩浆在空中凝成固体，像炮弹一样砸下来。'轰'的一声，把大树的树权砸断！"希腊当地的一位地质学家做出一个魔术师的手势，向大家展示他身后一处挖开的地层。断面里露出一块直径半米左右的大圆石头，石头下方，压着一节大腿粗的木化石。这是公园的宝贝之一，地层完好地定格了千万年前的瞬间，火山弹坠入森林的样子历历在目。

莱斯沃斯木化石的故事起始于1500万～2000万年前的火山爆发。那个时候是地球历史上的晚第三纪，哺乳动物和被子植物的新纪元已经到来，造山运动轰轰烈烈，现代海陆格

直立树干右侧的圆石头是一枚"火山弹"，它落下时，砸断了一段树干，这个事件被"定格"在岩层之中

局初步成形。爱琴海地区火山活动剧烈，在莱斯沃斯岛一带葱郁的森林中，耸立着一些呼呼冒烟的火山口。

几次大规模的火山活动之后，喷出的灰尘覆盖在森林上。经过漫长的岁月，火山灰固结成岩石，岩石中的矿物质渗入木头，硅、钙等元素一点点替换了原来的碳元素，最后碳完全被矿物元素取代，树木变成了石头。莱斯沃斯的木化石基本都为硅质为主，数量又多，所以这里的木化石也被叫作"硅化木"。

仔细观察木化石的断面，依然还可以分辨出树的年轮；在显微镜下看，还能看出树木的细胞结构。这有点儿像某种"黑科技"的3D拓印，树木虽然已经不存在了，但它从内到外的身体结构被完全复制下来，只是材质改变了。

挖出一片古代森林

化石点有很多已经挖掘出来的巨大木化石，它们横七竖八地躺在挖开的土层中，远看像工地。还有很多木化石露出地表一小段，地质学家就顺着它的基部不断地挖，一点点把它"抠"出来。

火山凝灰岩在岩石中虽然算比较"软"的，但对于人类的臂力，挖掘工作还是很艰难的，所以经常要借助重型器械。挖掘机挖开木化石附近的土层之后，就需要手工作业，先用镐头、铁锹挖，接近化石后，再改用手铲、刷子等小工具。

发掘化石是个精细活儿，需要丰富的经验和极大的耐心，在莱斯沃斯岛更是如此。因为粗大的木化石树干周围，还有大量细枝和树叶的化石。

别处的叶化石在淤泥里形成，出土时大多数被"压"在平板的岩石中，而在莱斯沃斯，叶片是被柔软的火山灰"立体包裹"的，成岩之后，化石会保持着叶子自然卷曲的状态，在凹凸不平的灰白岩石上，浅色的叶脉清晰美丽，如同精致的艺术雕刻。

地质学家找到一块狭长的树叶化石，细看之下，这不正是如今岛上最主要的经济作物、随处可见的橄榄树（油橄榄）吗？没想到在千万年前，它们就登陆此岛了。这里出土的木化石，分别来自很多树种。有些是现在还有的，比如橄榄树，有些则是岛上早已消失的棕榈类植物，这为研究古代气候提供了依据。

上图：火山凝灰岩中的树叶化石

右图：如今岛上依旧有很多橄榄树（油橄榄）

满地化石，海鸥捣乱

莱斯沃斯主岛西侧 2 千米处的一个无人小岛，也是公园内一处重要的化石出土地。说"出土"有点不准确，应该叫"出水"，因为这里很多木化石是浸

泡在海水中的。站在岸边，清澈的海水没有太多腥味，能看到水下的"大家伙"，十几米长的巨木横卧在水底。

海滩上没有沙子，而是铺满碎石子，也有大量化石碎片夹杂其间。碎石中的木化石不难辨认，它们的颜色有的发黄，有的发红，猛然看上去，就像一块块木头碎片和树皮。拿到手里，才能明显地感觉到它们的质地和重量，是石头而不是木头。木化石的碎片太多了，蹲在海滩上原地转个圈，随手就能捡到一堆。走累了，就找一块平坦的木化石当板凳。

海岸上的木化石随处可见

地质学家们走在岛上，总遇到海鸥朝着他们高声鸣叫。其实，海鸥是想驱赶这些"人类入侵者"。岛上没人居住，常年被几种鸥类占领，它们没少给地质学家添乱。虽然不会直接攻击人类，但它们会发起"大便攻势"。

为保护陆地上的挖掘现场,人们制作了一些长长的玻璃罩子,盖在发掘坑顶部。这些罩子会成为海鸥的攻击目标——上面布满鸟粪,而离罩子几步开外,地面却干干净净。一旦把保护罩打开,化石直接曝露于光天化日之下,海鸥们反而不会在化石上排便了。这些海鸥边飞边拉,专门袭击人工设施,精度堪比轰炸机投下的制导炸弹。休息的小屋、凉亭,甚至钉说明牌的小木桩上,都有不少鸟粪。地质学家推测,海鸥可能只是看不惯玻璃、塑料以及粉刷过的木桩这些"非自然"的东西。

更远的海域还有一些水下木化石,有些在二三十米深的海底,需要潜水才能看到。地质学家还在孜孜不倦地发掘,他们的工作,就像在收集一小片一小片的拼图,不断积累,逐步还原千万年前的世界。

在保护自己的"领地"时,这只银鸥看起来威风凛凛

 洞穴探险奇遇记

谁说洞穴只能是幽暗、恐怖的代名词？其实在很多洞穴里，可以发现不少让人出乎意料的"宝藏"：有的洞穴不仅会冒气，还能长出"竹子"；而在另外的一些洞里，甚至还能找到亿万年前的恐龙足迹！是不是很神奇呢？带上你的好奇心走进洞穴，开启一场探索之旅吧！

辽宁冒气洞
洞穴竟然会冒气？

洞口长满"冰棍"，洞内岔道纵横，洞顶挂满蝙蝠，洞穴的
尽头又有什么样的"洞天"呢？在冰天雪地的中国东北，有
个从未被人踏足的"冒气洞"，让我们跟随洞穴探险爱好者，
享受一次充满神秘气息的挑战之旅。

冒气的山洞

冒气洞是一类特殊的洞穴，洞口会有气体缓缓冒出来。这是因为在未知的远方还有一个洞口，气体可以从那里流进，从这里流出。冬天里，冒气洞一般冒热气。据说，如果是一个竖井式的冒气洞，往"井口"扔一片叶子，它不会掉下去，反而会悬浮在空气中，甚至还会升起来。

1 小时才爬 20 米

在辽宁丹东，新发现了一个冒气洞，一群狂热的洞穴探险爱好者兴奋地想去一探究竟。此时正是 12 月，位于寒冷东北的这个山洞，会不会像人一样呼着白色的"哈气"呢？

一路颠簸后，一行人来到丹东市区以北 160 千米外的一个小山村。这里的村民说，山洞就在村对面的山上，"一到冬天就冒白气儿，没人敢进去"。洞口位于小河边一处悬崖的崖壁上，距离河面大概 20 米高，被山石遮挡着，走近才能看清。

起初，探险爱好者想先绕道爬到崖顶，再下降到洞口。但通往崖顶的陡坡雪深及膝，攀爬费时费力不说，而且风险极大。所以他们放弃了这个计划，决定从崖底向上攀登。

但走这条路线也困难重重。刚开始时坡虽然缓，但有很多大坑，雪把坑填平了，看上去一片坦途，其实满地陷阱。大伙儿掉进雪坑好几次，摔得够呛。后来虽然没有雪坑了，但崖壁变得近乎垂直，向上爬要靠攀岩。直线距离短短 20 米，大家却爬了 1 个小时！

冰"竹子"

浑身是雪的探险爱好者终于站在了洞口。老乡说的"白气儿"并没有出现，估计那种情况只在特定气温下才会有。不过大家也明显感觉到了洞里"吹来的小风"。不断冒出的水汽遇到了外面的冷空气，就结成了"冰溜子"，挂在洞顶，融化后水又滴在地上，

上有"冰溜子"，下有"冰笋"，冒气洞的洞口像一个长着冰牙的"冰盆大口"

重新结冰，堆成了尖尖的"冰笋"。洞口就像一张长满白牙的"冰盆大口"，让人心生寒意。这些冰都没有损坏，看来老乡说的没错，果然没人进来过。

洞口有两三米高，清除掉封住洞口的冰笋，探险爱好者进入洞穴。这个冒气洞属于喀斯特溶洞，洞里空气非常湿润，而且越往里走越潮湿。没走两步，走在前面的人喊道："好大的竹子！"洞里怎么会有竹子？走到跟前看，真有一片"竹林"出现在眼前。伸手摸去，透骨的冰凉——原来是"冰竹"！常见的冰笋上尖下粗，但冰竹却是从上到下一样粗，而且还有一个个的"竹节"，跟竹竿一模一样，就差长叶子了！

冰竹和竹竿简直一模一样，甚至还有竹节。它们需要特殊的环境才能形成

冰竹的形成条件非常苛刻，是洞穴探险中难得一见的奇迹。水从洞顶滴落，如果滴落速度比冻结速度快，就会形成冰笋；如果滴落速度比冻结速度慢，就会冻在洞顶形成冰溜子。只有气温和水量恰到好处，才会出现冰竹！而且，一个洞穴今年有冰竹，明年却未必会再次出现。在冬天，北方的洞穴里偶尔有一根冰竹已属难得，像这样大片成林的，很多人还是第一次看见。他们甚至很想像大熊猫一样，掰一根冰做的"竹子"啃啃看……

洞顶的吉祥物

　　绕过冰竹林往里走30米，豁然开朗，众人进入了一个"大厅"。拿出温度计量了量，这里的气温是11℃，比洞外暖和多了。按照经验，这里的温度、湿度应该长年稳定，不怎么受外界环境的影响。大家换上结实的探洞服，"披挂"好全套装备，检查头灯、手电，顺便吃点东西补充能量，为接下来的探洞做准备。面前有3个支洞，探险爱好者分成3个小队，每组探一个洞。由于探洞具有一定危险性，大家便约定傍晚18点回到"大厅"集合，如果有小队没有按时返回，其他小队就启动救援。出发前，大家先在支洞口贴上"反光贴"，这东西能反射手电光，有人回来时，反光贴就是"灯塔"。

冬眠的马铁菊头蝠聚集在一起取暖

　　"出发！"一声令下，3个小队各自钻进了已经分配好的支洞。刚开始，在自己的洞中还能听见隔壁洞的谈话声，渐渐地，声音越来越小，最后一片寂静。随着逐渐深入，洞壁上渐渐多了些东西。这是探洞者最熟悉的动物——蝙蝠。也许有人觉得它们很可怕，但每一个探洞者都梦想成为一只蝙蝠，因为它们不需任何装备，就能自由进出洞穴，就算洞穴坍塌，一扇翅膀就能脱险，多让人羡慕啊！而且，有蝙蝠还证明洞里没有毒气。所以很多洞穴探险队都把蝙蝠作为吉祥物，印在队徽上。

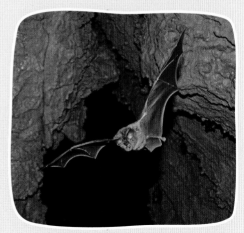

人类的造访惊飞了一些蝙蝠

此时蝙蝠正在冬眠，探险队员不愿惊动这些小精灵，它们起飞需要耗费能量，而能量在冬季很珍贵。可随着洞穴变窄，大家被迫和蝙蝠越来越近，还是惊醒了几只，它们惊恐地尖叫着，飞过人类头顶。虽是吉祥物，但在幽暗的洞穴中，蝙蝠还是让人觉得有点瘆得慌……

一边落井，一边下石

一个半小时过去，此时离进入的洞口差不多500米远了，突然，几块巨石堵住了通道。难道这就是洞的尽头了吗？但是从石缝间看过去，里面依然深不见底。探险队员们不甘心就这样返回，于是冒着石头塌落的危险，从石缝里钻了进去。石缝恰好能容一人通过，幸亏大家都不是胖子，否则肯定要被卡在缝隙当中了！钻过石缝，一个深约10米的小竖井出现了，队员们只能绑上绳子，从这里降下去。下降途中，一踩石壁，碎石就稀里哗啦往下掉。更恼人的是，岩壁上还渗出一股水流，把大家劈头盖脸淋了好几下，浇得透心凉！

水落泥出，翠绿深潭

竖井下的通道是下坡路，继续走，淤泥逐渐漫过脚面。显然水刚退去不久，如果早个把月来，这里一定被水淹没，无法前行。

泥的吸力太强了，经常是脚拔出来了，靴子却被吸在泥里，只好再把脚放回靴子里，使劲向上勾脚尖，拔靴子。这消耗了大家大量体力，但却连坐下歇会儿的地方都没有！

"有声音！"有位探险队员突然说。大家凝神静听，隐隐听到了水声——不是水滴的滴答声，而是"哗啦啦"连成片的水声！队员们立刻前进，有了动力，也不觉得累了。

洞道突然到头，脚下出现一个断崖，崖底是一个水潭，左侧崖壁上，一条瀑布直落潭中。在头灯的照射下，潭水清澈碧绿。一般来说，水越深，光线越难穿透，这个水潭中央的颜色由墨绿变得漆黑，看上去深不可测。潭水静静的，没有流动，表明水面和当地的地下水位一样深，也就是说，这就是洞的尽头了。

计算了一下，从入洞到现在，已经过去了5个小时。虽然历尽艰辛，但看到了如此美丽的奇观，探险队员们还是不禁感叹："这一趟来得值了！"

重庆莲花保寨
亿万年前的恐龙足迹

在重庆綦江区的老瀛山区，有一处位于半山腰的天然凹洞。宋元以来，当地人在此躲避战乱，发现山洞地面上有状如莲花、荷叶的片片凹坑，于是把这里命名为"莲花保寨"……2007年以来，国内的古生物学家一次次进洞探访，终于确认这些"莲花"来自上亿年前的一个恐龙王国。

寻踪：山寨里面开"莲花"

莲花保寨的神秘"莲花"，传说由来已久。有人说它们是远古莲花的遗迹，有人说它们是明末张献忠大军留下的马蹄印，还有传说是某种大型怪兽的脚印……2006年，来到这里的地质考察人员终于确认，它们其实是上亿年前的恐龙足迹！第二年，有几位古生物学家，再一次踏上了莲花保寨恐龙化石考察的旅程。

汽车一路开进老瀛山，这里森林茂密，道路两侧的红色山岩巍峨陡峭，简直像刀削般齐整。当地人说，此山颇有东海仙山的神韵，当年曾有世外高人在此修炼成仙。

老瀛山地处四川盆地东南角，是典型的丹霞地貌

山下的村子名叫红岩村，古生物学家在一位专职看守化石的村民的带领下，向莲花保寨进发。发现恐龙足迹化石的莲花保寨位于半山腰，地势险峻，从村口向上望去，垂直高度足有二三百米。

上山的路只是一条宽不足30厘米的羊肠小道，有些地方还要手脚并用，才能攀爬过去。花了将近

40分钟，爬过小道尽头又窄又滑的石阶，穿过寨子中的两道石门，大家终于来到了这些神秘"莲花"的所在。

现场：恐龙脚印面对面

莲花保寨还算平整的砂岩地面上，随处可见大大小小的凹坑、裂口和起伏。片片凹坑大的如象足，小的似鸡爪，虽已被部分填平，古生物学家还是一看便知，这是如假包换的恐龙足迹！当然，确认它们来自哪一类恐龙，就是他们此行的任务了。

从某种意义上说，古生物学家研究恐龙化石，就跟刑侦人员或者猎人有点像——亿万年前留下的蛛丝马迹，都是宝贵的研究材料。哪怕只凭几排足迹，也可以用来推断这些恐龙的种类、大小、行走速度、种群数量，甚至当时的生态和气候。

古生物学家们跪在足迹旁边，扫去坑中浮土，足迹宛如刚刚踏出般清晰，甚至能感觉到史前巨龙从身旁走过，大地也随之震动……

头顶上的沉积构造告诉人类，这里当年曾经是一片湿地

工作：悬崖上的苦与乐

从遐想回到现实，古生物学家开始清理现场。足迹形成的坑穴中，不仅有浮土，更有千百年间历代在此避难的人们，为了平整地面而抹进去的泥巴、灰土、牛粪和生活垃圾！年深日久，这些东西都变得硬邦邦的，挖起来很费力。其中还有鸡骨头、螃蟹壳，都不知是哪朝哪代的了。

接下来是拍照工作，看似轻松，可由于凹洞位于山体之内，阳光不足，每天只有早晨、黄昏的短暂时间适合拍摄，必须分秒必争。经过一个多星期，共清理出了329个足迹，古生物学家测量、记录了每个足迹的长、宽、深度等数据，还绘出了埋藏图，并给一些重要足迹做了复制模型。

复制足迹化石有点像"做面膜"，就是把黏稠的硅橡胶一点点倒进坑里填满，等硅橡胶凝固后，就能把一个完好的恐龙足迹撕下来了

这里说是"寨子"，实际上也就是个山壁上的狭长凹洞，洞里面最宽不过五六米，靠近悬崖一侧还无遮无拦，古人当年竖立的条石、围栏等早就没了。古生物学家工作时，就处在"退后一步是化石，往前一步是悬崖"的状态，如果给角落里的足迹拍照时太过入神了，真的很有可能摔下去……

由于寨子内部太潮湿，又有猫头鹰和蜈蚣这样的麻烦"邻居"，古生物学家只好在山下的红岩村扎营。

但代价是，每天要背着相机、脚架、硅橡胶、脱模剂等一堆东西，花两个小时爬上爬下。遇到雨天，长满青苔的石头湿滑异常，因此摔跤也是家常便饭。此外，有些足迹还在凹洞深处，要爬过一道滑溜溜的岩缝，可岩缝上有虫迹化石！为了不把它们踩坏，古生物学家不得不以异常别扭的动作爬过去……

足迹化石的邻居——斑头鸺鹠

成果：解密"白垩纪公园"

2007 年以来，古生物学家在莲花保寨共发现了近千个足迹化石，年代约在 1 亿年前的晚期白垩纪，但没有发现恐龙骨骼的"真身"。

事实上，恐龙足迹和骨骼化石极少能一起发现，这是由于两者的形成条件不同。足迹形成化石，需要先在地表长时间暴露、风干；骨骼化石却往往要求遗体尽快被埋起来，否则很容易被吃掉。而光凭足迹，只能判断恐龙的大致类型，无法确定具体种类。因此，科学家有一套特殊的规则，来给恐龙足迹命名。

莲花保寨的大部分足迹，是"鸟脚类"恐龙中的某种鸭

鸭嘴龙类后足迹

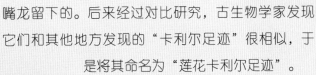

嘴龙留下的。后来经过对比研究，古生物学家发现它们和其他地方发现的"卡利尔足迹"很相似，于是将其命名为"莲花卡利尔足迹"。

鸭嘴龙是晚期白垩纪最常见的植食性恐龙之一，在亚洲、北美洲都发现过不少化石。有意思的是，莲花保寨的恐龙足迹分大、中、小三种"规格"，来自一个有老有少的鸭嘴龙群！其中最大的成年龙约有 6 ~ 7 米

翼龙类后足迹

长，而最小的亚成年龙不过 2 ~ 3 米。这些足迹还告诉我们，未成年的鸭嘴龙一般只用两条后腿走路，随着个子变大、体重增加，它们就改为主要用四条腿走路了。

在后来的几次考察中，这块"宝地"又给古生物学家带来不少新发现。比如藏身在岩壁中的"立体足迹"，是一头鸭嘴龙的后腿陷入泥沼后，又拔出来并留下的坑；同样罕见的翼龙足迹，记录了一只翼龙降落时如何着地、停稳的过程，是有一天光线合适时才偶然被发现的；在与老瀛山同样地处重庆綦江区的北渡，还发掘出了一种侏罗纪的"蜥脚类"恐龙化石，估计体长可达 15 米，已被正式命名为"綦龙"。

大型古鸟类足迹，曾被认为是某种兽脚类恐龙留下的

尾声："与龙共舞"新乐章

在发掘过程中，古生物学家时常碰到古人建寨子留下的石料，石壁上甚至还有古代题刻。当地人管莲花保寨又叫"十三间房"。从700多年前的南宋时期开始，人们就在这半山之中的岩洞里、上亿年的恐龙足迹上，用条石、土墙隔出了"房屋"，每逢战乱时便来此避难居住，直到民国时期才废弃。

四川盆地是著名的恐龙之乡，但恐龙骨骼化石大多来自比较古老的侏罗纪，莲花保寨则记录了一幅白垩纪恐龙的生活图景，其中鸭嘴龙是当时的主角

迄今为止，世界各地发现的恐龙足迹，大多位于人烟稀少的野外。而像莲花保寨这样，人们长期和恐龙足迹一起生活的化石点，几乎绝无仅有。更让人佩服的是，古人能把地面上坑坑洼洼的足迹、泥裂和波痕想象成"莲花""荷叶"与"水波"，还创造出这么多奇妙传说……看来，"听传说，寻龙迹"说不定能成为以后寻找化石的一个线索！

左图：莲花保寨的石门和通道，与巨大的山体比起来小多了

对这些足迹的后续研究，使人们对恐龙的生活愈加了解，同时它们也正在改变村民的生活——如今这里成了"国家地质公园"，上山的狭窄小路变成了水泥栈道，寨子外侧也围起了防护栏。虽然化石点至今还没开放，但也已经远近闻名。这里的人们"与龙共舞"的生活，很快又要迎来一个新的篇章了。

致谢

撰文（按文章先后顺序排列）：

刘莹 / 徐健 / 计云 / 张辰亮 / 高翔 / 柳珊珊 / 荣昕 / 彭博 / 郑洋 / 余天一 / 张帆 / 刘亭文 / 朱前 / 邢立达

供图：

2 上 全景
2 下 全景
3 上 全景
3 下 By Fiann M. Smithwick, Robert Nicholls, Innes C. Cuthill, Jakob Vinther [CC BY 4.0 (https://creativecommons.org/licenses/by/4.0)], via Wikimedia Commons
4 达志
6 达志
8 全景
9 全景
10 全景
11 全景
12 达志
14 全景
16 上 达志
16 下 全景
17 上 达志
17 下 达志
18 全景
19 上 彭建生
19 下 范毅
20 上 彭建生
20 下 董磊
21 彭建生
22 董磊
23 吴秀山
24 达志
25 彭建生
26 上 董磊
26 下 全景
27 徐健

28 上 彭建生
28 下 彭建生
29 上 张巍巍
29 下 张巍巍
30 全景
31 达志
32 计云
33 上 计云
33 下 计云
34 全景
35 计云
36 全景
37 By Lutz Lücker (This file was derived from Guignards.last.pdf:) [CC BY-SA 3.0 (https://creativecommons.org/licenses/by-sa/3.0)], via Wikimedia Commons
38 上 计云
38 下 计云
39 达志
40 达志
41 张辰亮
42 张辰亮
43 张辰亮
45 全景
46 全景
47 达志
48 视觉中国
50 全景
51 全景
52 全景
54~55 视觉中国
56 全景
59 高翔

图书在版编目（CIP）数据

一起去探险 / 许秋汉主编；张辰亮分册主编. --
北京：北京联合出版公司, 2018.8
（博物少年百科·了不起的科学. 第3辑）
ISBN 978-7-5596-2262-4

Ⅰ. ①一… Ⅱ. ①许… ②张… Ⅲ. ①探险—少儿读
物 Ⅳ. ①N8-49

中国版本图书馆CIP数据核字(2018)第128387号

一起去探险

丛书主编：许秋汉
本册主编：张辰亮
总 策 划：陈沂欢
策划编辑：乔　琦
特约编辑：林　凌　马莉丽
责任编辑：张　萌
营销编辑：李　苗
图片编辑：张宏翼
装帧设计：杨　慧
制　　版：北京美光设计制版有限公司

北京联合出版公司出版
（北京市西城区德外大街83号楼9层　100088）
北京联合天畅发行公司发行
北京中科印刷有限公司印刷　新华书店经销
字数：75千字　710毫米×1000毫米　1/16　印张：8
2018年8月第1版　2018年8月第1次印刷
ISBN 978-7-5596-2262-4
定价：32.80元